阅读成就思想……

Read to Achieve

心理学普识系列

人生四季

图解毕生发展心理学

[日] 小野寺敦子◎著　黄毅燕◎译

手にとるように
発達心理学がわかる本

中国人民大学出版社
· 北京 ·

图书在版编目（CIP）数据

人生四季：图解毕生发展心理学 /（日）小野寺敦子著；黄毅燕译．-- 北京：中国人民大学出版社，2025．7．-- ISBN 978-7-300-34093-7

Ⅰ．B844

中国国家版本馆 CIP 数据核字第 2025YN7690 号

人生四季：图解毕生发展心理学

［日］小野寺敦子　著

黄毅燕　译

RENSHENG SIJI : TUJIE BISHENG FAZHAN XINLIXUE

出版发行	中国人民大学出版社		
社　　址	北京中关村大街 31 号	**邮政编码**	100080
电　　话	010-62511242（总编室）		010-62511770（质管部）
	010-82501766（邮购部）		010-62514148（门市部）
	010-62511173（发行公司）		010-62515275（盗版举报）
网　　址	http://www.crup.com.cn		
经　　销	新华书店		
印　　刷	天津中印联印务有限公司		
开　　本	787 mm×1092 mm　1/32	**版　　次**	2025 年 7 月第 1 版
印　　张	9　插页 1	**印　　次**	2025 年 7 月第 1 次印刷
字　　数	130 000	**定　　价**	69.90 元

前言

此刻，当你翻开这本书时，心中怀揣的是怎样的期待与探寻呢？

或许你已为人父母，渴望洞察孩子成长的奥秘？或许你对频繁出现在媒体上的各种发展障碍话题充满好奇，并希望能更深入地理解这些现象背后的原因和影响？或许你想剖析原生家庭对自己的性格和命运的影响？又或许你已步入中年，正为如何度过后半生而感到迷茫？

无论你的初衷是什么，本书都将借助发展心理学的智慧，为你解开心中的疑惑。

发展心理学这一概念出现的时间并不长。在过去，儿童心理学领域的研究只关注儿童的心理发展。如今，我们处在人类寿命已超过 80 岁的长寿社会，我们迎来了一个需要以更广阔的视野来思考人类发展的时代，这个时代需要我们从胎儿期到老年期，全面把握人类发展全过程。

发展心理学并不是一门高深莫测的学问或理论，它更像一座知识宝库，里面收藏着生活的智慧。这些智慧可以帮助我们妥善地处理家庭、工作和个人生活中出现的各种问题。对我而言，发展心理学不仅是一门科学，更是一盏明灯，在我面对人生的种种挑战时，给了我莫大的帮助。在养育两个孩子的过程中，托马斯·切斯的气质论、鲍比的依恋论，以及皮亚杰的自我中心论和泛灵论等理论让我受益匪浅。

在日常生活中，我们常常会遇到各种令人困惑的问题，而本书正是从发展心理学的独特视角出发，以深入浅出的方式来探讨这些问题，引领大家领悟其中的奥秘。

在撰写本书的过程中，我尽可能使用通俗易懂的语言，同时结合大量日常生活实例，对问题进行详细的说明和阐释。同时，书中还穿插了简单的心理学测试，希望能帮助大家更好地了解自己。这一切的努力，均源于本书的愿景——希望本书成为一本简明实用的发展心理学指南，陪伴大家踏上探索人类心理变化与成长的旅程。

目录

第 1 章 发展心理学的基础理论

第 2 章 胎儿期至婴儿期的发展

第 3 章 幼儿期的发展

第 4 章 儿童期的发展

第 5 章 青年期的发展

第 6 章 成人期的发展

第 7 章 老年期的发展

第1章

发展心理学的基础理论

本章主要介绍发展心理学的历史、代表性研究以及发展心理学的基础理论。

发展心理学的问世

发展心理学名称的诞生

发展心理学这一名称诞生于 20 世纪 50 年代，出现的时间并不长。在此之前，我们普遍使用儿童心理学这一名称。

为什么儿童心理学会更名为发展心理学呢？早期，人类的寿命只有 50 年左右，所以当时的研究者认为，弄清楚个体从出生到 20 岁的心理发展过程就足够了。但是，随着第二次世界大战的结束，进入 20 世纪 50 年代后，世界局势逐渐稳定，人类的寿命有了显著的延长。于是，研究者们关注的范围也随之扩展到了个体的整个生命历程，他们开始深入探究从婴儿时期到老年阶段各个不同时期的心理发展特征。

在这一演变过程中，皮亚杰的认知发展阶段理论和埃里克森的人格发展理论，直接推动了发展心理学这一术语的确立和使用。

随着研究热潮的升温，20 世纪 50 年代，美国心理学会将其分会“儿童心理学会”更名为“发展心理学会”。从 1957 年开始，美国《心理学年鉴》正式采用“发展心理学”作为章节名称。

那么，当代发展心理学理论的形成经历了哪些发展与演变呢？

我将对发展心理学领域有杰出贡献的先驱们及其代表性研究成果按年表形式整理出来，如表 1–1 所示。通过表 1–1，我们可以大致厘清发展心理学发展的历史脉络。

表 1–1　　发展心理学年表

年份	人物	事件
1628	（捷克）夸美纽斯	世界上第一本儿童绘本《世界图解》问世。《母育学校》出版
1690	（英）洛克	在《人类理解论》中提出“白板说”
1762	（法）卢梭	出版《爱弥儿》，提倡自然主义教育
1787	（德）蒂德曼	针对自己孩子的成长做了详细的观察记录，整理出版《儿童心理发展的观察》
1840	（德）福禄培尔	创立世界首所幼儿园
1869	（英）高尔顿	出版《遗传的天才：对其规律与结果的探究》

续前表

年份	人物	事件
1877	（英）达尔文	根据对自家孩子的观察记录，撰写出版《一个婴儿的传略》
1879	（德）冯特	创立世界上第一个心理学实验室
1882	（德）普莱尔	世界上第一本儿童心理学著作《儿童心理》问世
1883	（美）霍尔	被誉为“儿童心理学之父”。他出版了《青年期》
1888	（日）元良勇次郎	在帝国大学（现东京大学）开设心理物理学课程
1896	（英）萨利	创立英国儿童学会
1900	（奥）弗洛伊德	被誉为“精神分析之父”。出版《梦的解析》和《性学三论》
1905	（法）比奈	和西蒙共同编制了世界上第一套“智力测评量表”
1911	（美）格塞尔	创立耶鲁大学儿童发展研究中心。1934 年出版《幼儿行为图表》。编制了“婴幼儿发展量表”
1920	（美）华生	进行小艾伯特实验，发表幼儿恐惧诱发实验结果
1923	（英）克莱因	发表有关早期精神分析的理论观点。1932 年出版《儿童精神分析》
	（瑞士）皮亚杰	发表《儿童的语言和思想》，他在本书中提出了自我中心主义概念。1936 年出版《儿童智慧的起源》

续前表

年份	人物	事件
1934	（俄）维果茨基	出版《思维与语言》，并在书中批判皮亚杰的自我中心主义说
1936	（奥）安娜・弗洛伊德	弗洛伊德之女。出版《自我与防御机制》
1950	（美）埃里克森	提出人格社会心理发展理论。出版《童年与社会》
1956	（美）布鲁纳	出版《思维之研究》
1957	（美）西尔斯	出版《儿童养育模式》
1963	（美）科尔伯格	提出道德认知发展阶段论（三水平六阶段）
1965	（英）温尼科特	出版《成熟过程与促进性环境：情绪发展理论的研究》
1969	（英）鲍比	提出依恋理论。出版《依恋与失去》
1977	（美）班杜拉	提出社会学习理论
1978	（美）安斯沃斯	设计陌生情境实验
1978	（美）巴尔特斯	倡导毕生发展心理学理论
1989		日本发展心理学会正式成立
1990	（美）韦尔曼	提出心理理论

发展心理学的先驱们

17 世纪之前的儿童观

在发展心理学成为一门独立学科之前，西方盛行什么样的儿童观呢？

法国历史学家菲力浦·阿利埃斯（Philippe Ariès）在他的著作《儿童的世纪：旧制度下的儿童和家庭生活》中，揭示了一个深刻的历史现象。从中世纪到近现代，西欧社会并没有将儿童视为一个独立的群体，而是将他们视为成人的延伸或附属品。通过对欧洲电影中儿童形象的分析，阿利埃斯指出，在 17 世纪前，“儿童”这一概念在西方社会尚未被明确界定和认知。他指出：“在 17 世纪之前，中世纪的艺术作品中，儿童几乎被忽视了。艺术世界里鲜有儿童的身影，他们通常被描绘成缩小版的成人。”

在书中，阿利埃斯通过对历史绘画、日记、信件等文献的深入研究，追溯了儿童在服装、游戏、学校生活、社会角色等方面的历史演变过程，展现了中世纪欧洲儿童的生活图景。

这些描述和分析也揭示了一个事实：在当时的欧洲社会，儿童死亡率极高，这直接导致了社会对儿童群体的忽视。儿童常常被简单地视为小大人，社会普遍缺乏对儿童独特性及其需求的认识与理解。

儿童没有被视为具有特殊性质的群体

在从中世纪到近代的欧洲社会里，儿童并未被当作拥有独特身份的个体来看待，而常常只是被简单地视作“身材矮小的成年人”

让–雅克·卢梭：提出“儿童不是成人的缩影”

让–雅克·卢梭（Jean-Jacques Rousseau）对中世纪的儿童观念提出了异议，他倡导：“儿童不是成人的缩影，而是具有独特存在意义的个体。”卢梭认为儿童天生就拥有一颗善良的心，是“善”的化身，他在著作《爱弥儿》中阐述道：“万物在造物主手中一切都是好的，但是，一旦交给人类，一切就变坏了。……我们几乎无法保留任何事物的自然状态。人类自身也是如此。人类像马一样需要被驯服，像庭院里的树木一样需要被塑造成我们想要的样子。”

换句话说，卢梭的思想核心在于认为人类的本性是善良的，而教育的目的就是促进这种善良本性的发展。

卢梭的这一独到见解与西方秉持的传统观点——认为人类的起点是邪恶的性恶论——形成了鲜明的对比。卢梭的这一思想成为现代教育理念萌芽与发展的开端，为教育思想的变革指明了方向。

弗里德里希·福禄培尔：世界上首个幼儿园的创立者

被誉为幼儿园教育创始人的弗里德里希·福禄培尔

（Friedrich Fröbel），出生于德国的奥伯威斯巴赫。他将瑞士民主主义教育家裴斯泰洛齐提出的初等教育方法应用于幼儿教育，并对如何培养幼儿心中的神性充满了兴趣。

1837 年，福禄培尔在德国勃兰根堡建立了直观教授学园。1839 年，他设立了“幼儿教育指导者培养所”，并聚集了一批幼儿，开设了名为“游戏 – 作业学园”的机构。到了 1840 年，也就是机构创办的次年，这所机构正式更名为“普通德国幼儿园”，这标志着世界上首个幼儿园的诞生。

福禄培尔与卢梭的观点相似，他也认为“儿童的本性具有神性，是善良的”，并提倡“幼儿教育的任务是顺应幼儿的天性，让其自然发展”。

如同园丁为植物浇水和施肥，考虑日照和温度条件，并进行修剪一样，教育者也应根据儿童的本质特征，努力促进他们的发展。基于这种思想，他将儿童的成长比作植物的生长，将这所学园命名为 Kindergarten，字面解释为孩子们的花园，也就是如今的幼儿园。

此外，福禄培尔认为幼儿园的教育内容应该以游戏和作业为中心。于是，他设计了教具，并主张幼儿园应设有花坛、菜园和果园。福禄培尔的保育方法以游戏为核心，他认为游戏是幼儿自由表达内心世界的方式，是一切善的源泉。

教具

19 世纪 30 年代，幼儿园创始人福禄培尔设计并制作了一系列富有教育意义的玩具，并取名为“gabe”，也就是我们今天所说的教具，“gabe”在德语里的寓意为“上帝的馈赠”。

教具的发明深刻反映了福禄培尔独特的宗教哲学视野，以及对儿童自主游戏与活动在教育过程中核心价值的深刻洞察。福禄贝尔设计的教具共有 20 个系列，从基础的几何图形到具体的生活物品，涉及的内容广泛而丰富。1876 年，这些蕴含深意的教具也被引入了日本。随着日本幼儿园的建立和普及，这些教具至今仍然是儿童保育实践中不可或缺的重要元素。

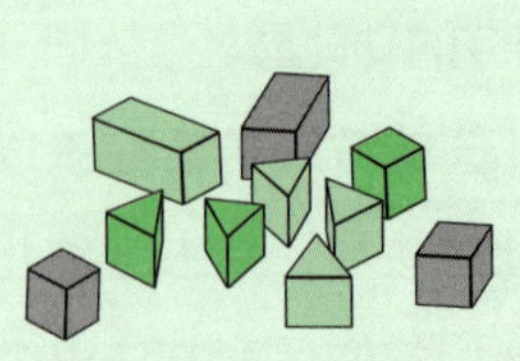

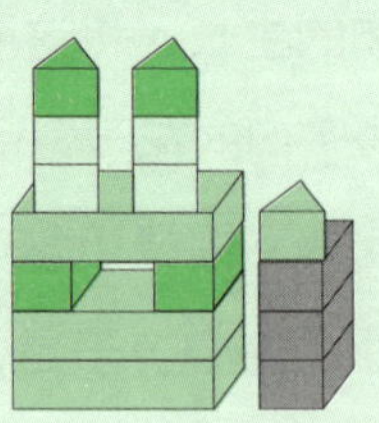

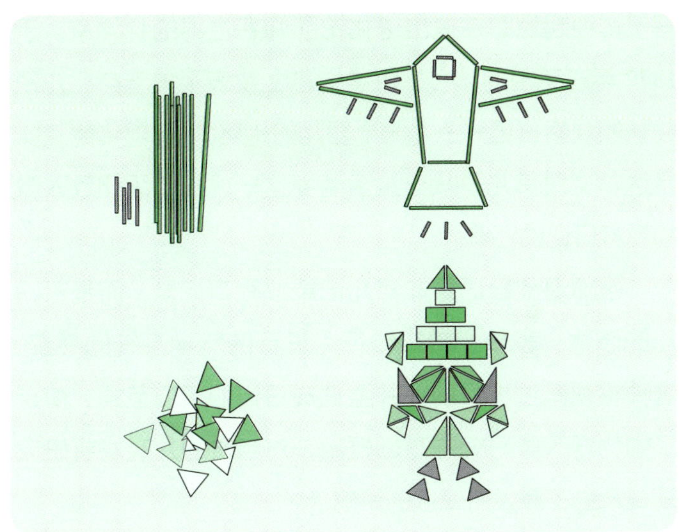

威廉·特奥多尔·普莱尔：开创传记式研究方法

为了系统地阐明儿童发展的全貌，欧洲出现了一批研究者，他们开始详细记录自己孩子的成长过程，并公开发表了这些观察记录。

早在 1787 年，经验心理学的先驱蒂德曼就出版了《幼儿心灵能力发展的观察》一书。这部著作被认为是儿童心理学领域最早的经典文献之一。

之后，查尔斯·达尔文（Charles Darwin）这位因撰写《物种起源》并提出进化论而闻名世界的科学家，于1877年在英国的《心》哲学杂志上发表了关于自己儿子成长的观察日记——《一个婴儿的传略》。这部传略其实是达尔文对其儿子从出生至两岁这一成长阶段细致入微的观察日记的汇编。

这部观察日记并非育儿记录或教育记录，而是对幼儿的肢体、表情、感知和行为进行的科学系统的考察。这种将观察过程系统化并整理成日记的研究范式，奠定了生物学人类研究的基础框架，对当时的儿童发展研究领域产生了重大而深远的影响。

随后，德国学者威廉·特奥多尔·普莱尔（W. T. Preyer）于1882年出版了《儿童心理》一书。这部著作在儿童研究学术发展历程中留下了深刻的印记，对后世产生了极为重要的影响。普莱尔开创了传记式研究方法，为发展心理学领域开辟了新的道路，他在德国被誉为“发展心理学之父”。

普莱尔原本是达尔文进化论的信奉者，也是一名在胎生学领域颇有造诣的学者。在《儿童心理》这部著作里，普莱尔从“感觉和情绪的发展”“意志力的发展”“智力的发展（包括语言发展）”等维度详细地记录了儿子从出生至三岁之间心理发展的相关观察。

斯坦利·霍尔：创立问卷法，为发展心理学研究奠定了坚实的基础

出生于美国马萨诸塞州的心理学家 G. 斯坦利·霍尔（G. Stanley Hall）也是深受达尔文影响的学者之一。他在美国发起了儿童研究运动，为发展心理学研究奠定了坚实的基础。1892 年，他组织成立了美国心理学会，并担任首任会长。同时，霍尔创立了问卷法，通过问卷形式客观地收集儿童的行为、态度、兴趣等数据信息，并以此为基础进行系统的研究。

如今，这种问卷法是一种极为普遍的数据收集手段，但在当时却是一种非常先进的研究方法。例如，问卷包含池塘、湖泊、野兔等孩子们常见事物的相关问题，并会询问他们平时观察到这些事物的频率。

通过对问卷调查结果的分析，研究者们发现，女孩和男孩在认知发展上存在显著的差异，同时发现接受幼儿园教育的儿童，比未入园的同龄人拥有更丰富的知识储备。这些结论在如今看来或许显而易见，但在当时却

是一项颇具启发性的发现。

此后，霍尔持续运用问卷调查的方式，深入探索儿童在游戏世界、兴趣爱好、未来梦想以及内心不安等不同维度上的特征与表现。

此外，霍尔于 1893 年成立了儿童研究所，与当时美国新教育运动的领军人物约翰·杜威（John Dewey）等学者一起，共同坚守和实践儿童中心主义的教育理念。因此，霍尔被尊称为儿童心理学及发展心理学的奠基者。

人的一生始终处于发展之中

新的发展观——毕生发展观

进入 20 世纪 80 年代后，出现了一种称为“毕生发展”的发展观。这个观点认为，应该将人类从受精到死亡整个生命周期都视为发展过程。提出这一观点的保罗 · B. 巴尔特斯（Paul B. Baltes）还定义说：“发展贯穿整个生命周期，整个过程始终伴随着获得（成长）和丧失（衰退）。”研究毕生发展的日本学者山田洋子认同巴尔特斯的观点，并特别强调了发展中丧失的意义。她指出：“不管是幼儿时期，还是成人时期，人们往往在失去事物时，才意识到它们的存在。与相遇相比，离别更让人印象深刻。”

确实，人类身体的成长和记忆力大约在 20 岁时达到顶峰，之后逐渐缓慢衰退。但另一方面，生活中的智慧和技能则在不断磨炼中得到提升。如今，随着人类普遍迈入长寿时代，人均预期寿命高达 80 岁，我们不仅要接受获得和成长，还要接受丧失和衰退，这也是我们毕生发展的一个重要课题。毕生发展意味着从开始到结束的整个过程，我们正是在这个过程中经历着各种各样的发展与变化。

人格发展八阶段理论

尽管精确地捕捉人生中的细微变化极具挑战性，但从发展阶段的角度来阐释个体成长过程，一直是研究中的主流方法。

早在古希腊时期，雅典的立法先驱、七贤之一的梭伦，就以 7 年为一个阶段，将人生划分为 10 个阶段。希腊医学巨匠希波克拉底，则将人生划分为 7 个阶段。对后世教育体系划分产生了深远影响的夸美纽斯，进一步将人的发展过程精炼为四个阶段：教育启蒙期（1 ~ 6 岁）、母语基础教育期（7 ~ 12 岁）、高等教育预备期（13 ~ 18 岁），大学深造期（19 ~ 24 岁）。

时至今日，发展心理学领域已将人生细分为八个阶段，分别为：胎儿期、新生儿期、婴儿期、幼儿期、儿童期、青年期、成年期以及老年期，如图 1–1 所示。此外，弗洛伊德从生命全程的视角深刻探讨了人类的性心理发展；皮亚杰则专注于思维发展的研究；而埃里克森则致力于心理社会发展的剖析。在接下来的内容中，本书也将对上述理论进行详细的探讨和阐释。

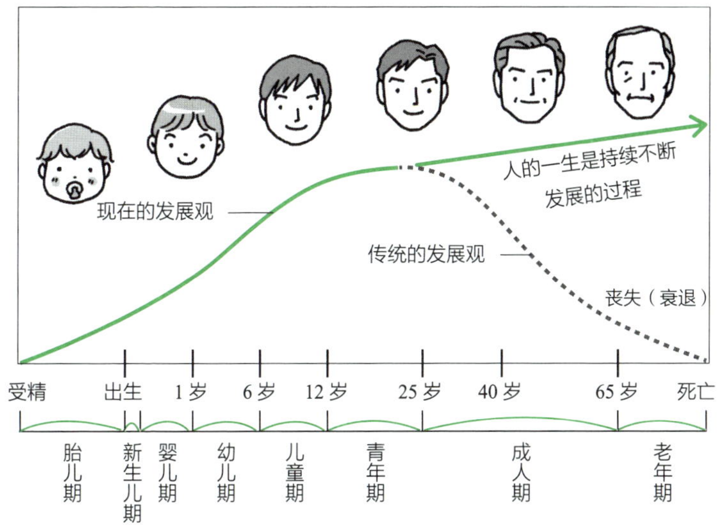

图 1–1　巴尔特斯毕生发展观示意图

遗传和环境，哪种因素对人的发展影响更大

遗传论的诞生

在探讨人类发展进程这一复杂议题时，必然会涉及

一个问题，即遗传和环境，哪种因素对人的发展影响更大？遗传和环境这一对立概念，也可以用“先天和后天”的框架来阐释。

回顾研究的发展历史，最早出现的是遗传论，也被称为成熟论，该理论认为人类的发展完全取决于遗传因素。后来，学界提出了环境决定论，也称为学习论，该理论主张人类所处的环境对个体的发展有着重大的影响。

如今，学界逐渐达成了一种更为综合的共识，那就是遗传与环境并非独立存在，而是相互交织、共同作用于个体的发展进程之中。下面，让我们一起来看看各方的核心观点。

人的一生早在出生前就注定了吗

在 16 ~ 17 世纪的医学书籍插画中，常常能看见一个类似精子的小人。当时盛行的观点认为，一个人的一生早在还是一颗游走的精子时就已完全确定了。例如，一个出生在鞋匠家的小生命，在出生前就注定长大后会成为一名鞋匠，甚至连几岁死亡都被设定好了。这种坚信人的成长与发展完全受制于遗传因素的观点，一直延续到 20 世纪 30 年代。美国心理学家阿诺德·格塞尔（Arnold Lucius Gesell）和海伦·汤普森（Helen Thompson）进行的双胞胎研究是支持遗传论的代表性研究成果，这项研究为遗传论提供了有力的证据支持。

16～17 世纪医学界认为的精子小人

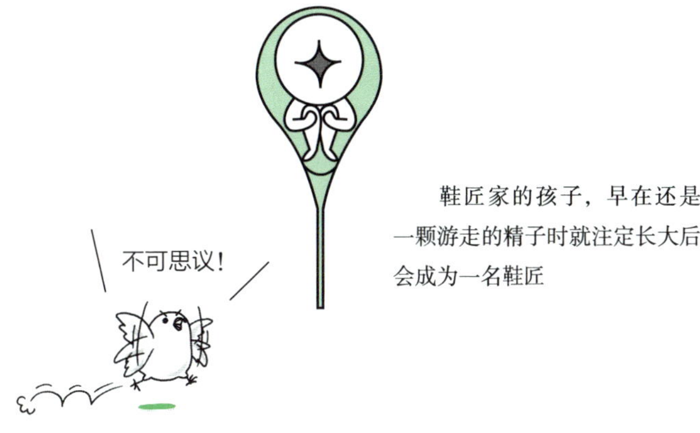

格塞尔的双胞胎实验——成熟论

格塞尔及其研究团队认为，调控发展过程的因素主要取决于个体生理和心理的成熟程度，并将这一发展机制称为成熟论。他们指出，外在环境对发展过程的影响是微乎其微的。为了证实这一观点，他们进行了著名的双胞胎实验。实验内容如下。

如图 1–2 所示，被试是一对 46 周大的双胞胎，分别命名为 T 和 C。研究人员对 T 进行了 6 周的爬楼梯训练，最终 T 能在 26 秒内成功爬完楼梯，但此后其爬楼梯的能力再无明显提升。

与此同时，C 在一开始的 6 周里没有接受任何训练，他需要 45 秒才能爬完楼梯。但是，在经过仅仅 2 周的训练后，C 便能够将爬楼梯的时间缩短至 10 秒。

简而言之，尽管 T 接受训练的时长是 C 的 3 倍，但结果却是，只经过 2 周训练的 C 能够更快地爬完楼梯。

基于此，格塞尔试图证明，过早地开展学习，其效果无法超越个体成熟程度的影响。实验结果也表明，未经训练的孩子和受过训练的孩子，在爬楼梯的能力上并无实质性差异。

也就是说，如果个体的运动机能还未成熟，那么无论训练开始得多么早，也只是徒劳。因此，格塞尔认为，学习效果无法超越个体成熟程度的影响，这就是成熟论的核心观点。

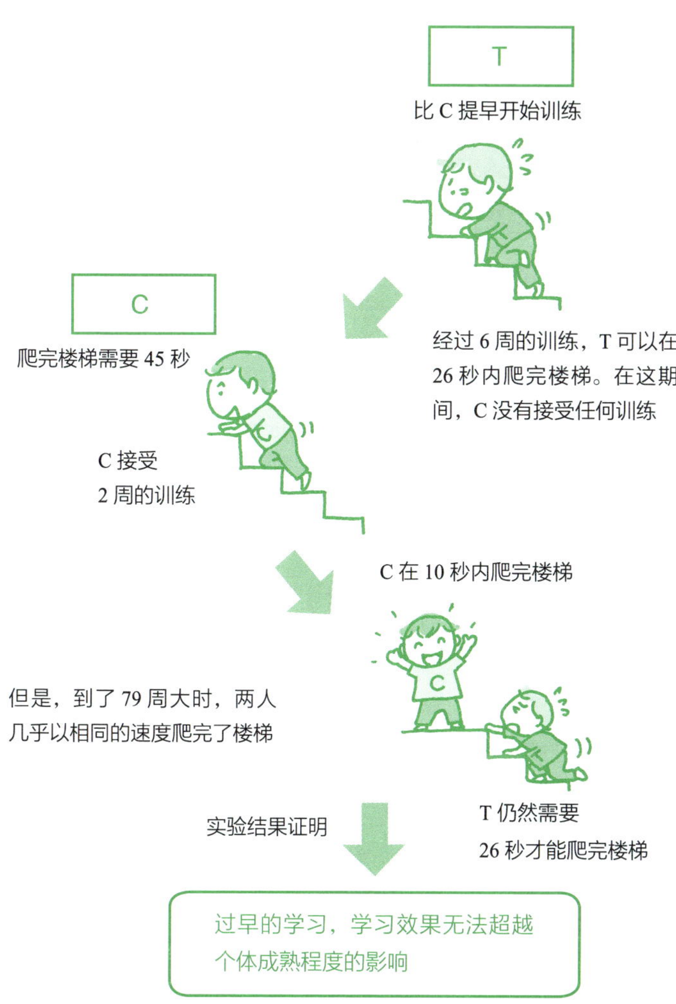

图 1–2　格塞尔的双胞胎实验示意图

个体发展取决于环境因素——环境决定论

与格塞尔的观点相反，环境决定论主张个体的发展是由其所处的环境决定的。这一理论也称为学习论或经验论。行为主义心理学家约翰·华生（John B. Watson）是一名坚定的学习论者，他提出个体的行为是通过学习逐渐形成的。同时，华生认为经典条件反射模型也适用于阐释人类行为的形成过程。

华生有一段名言，充分地反映了他的这一观点："给我一打健康且没有缺陷的婴儿，把他们放在我所设计的特殊环境里培养，我可担保，我能把他们中间的任何一个人训练成我所选择的任何一类专家——医生、律师、艺术家、商业领袖，甚至是乞丐或窃贼，而无论他的才能、爱好、倾向、能力，或他的祖先的职业和种族是什么。"

华生认为，只要按照设定的条件来培养，就能塑造出具备特定技能的人才，并确保他们将来能够从事预先为他们选择的职业。

遗传与环境同等重要——相互作用论

在遗传论和环境论长期争论不休的背景下，威廉姆·斯特恩（William Stern）提出了一个中立的观点。他主张“辐合论”，他认为在个体的发展过程中，遗传因素和环境因素同等重要，个体的发展是内外因素融合交织、共同作用的结果。斯特恩的辐合论接近现代的相互作用论，但它的缺点在于：

- 发展并非遗传因素和环境因素简单叠加的结果；
- 没有详细阐释遗传因素和环境因素是如何对个体的特性、才能及素质的形成产生影响的。

辐合论的核心主张可以直观地用著名的鲁克森伯格图式[①]来表示。在图 1–3 中，X 越往左表示遗传因素的影响越大，环境因素的影响越小；反之，X 越往右则说明环境因素的影响越大，遗传因素的影响越小。

在辐合论中，遗传和环境被视为独立存在的两个因素，它们分别作用于个体的发展过程。

① 这个公式表示发展是由遗传和环境共同作用的结果。——译者注

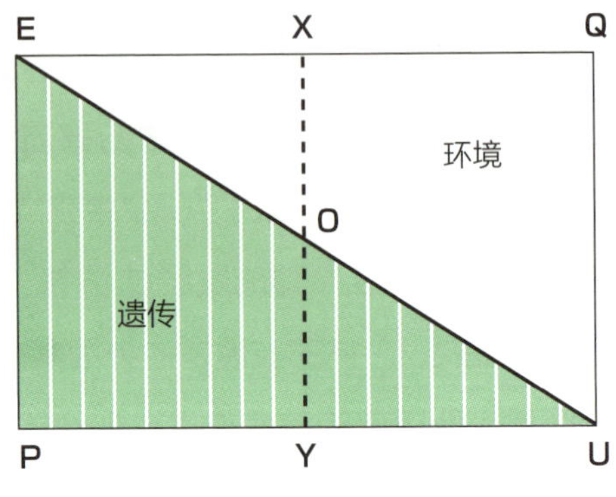

图 1–3　斯特恩的辐合论（鲁克森伯格图式）

另一方面，詹森（Arthur Robert Jensen）认为个体的发展是遗传因素和环境因素相互作用的结果，他提出了“环境阈值论”。詹森认为，遗传的才能需要满足一定的环境条件才能得到发展，并将环境的最低条件称为环境的阈值。环境阈值论主张要发展天赋，合适的环境是必要条件，具体如图 1–4 所示。例如，身高受环境影响较小，所以环境阈值较低；而音感受环境影响较大，所以环境阈值较高。

也就是说，环境阈值论认为，身高（A）除非在极端恶劣的环境下，否则不太会受到环境的影响；智商（B）则受环境的影响较大；对于学习成绩（C）而言，环境的

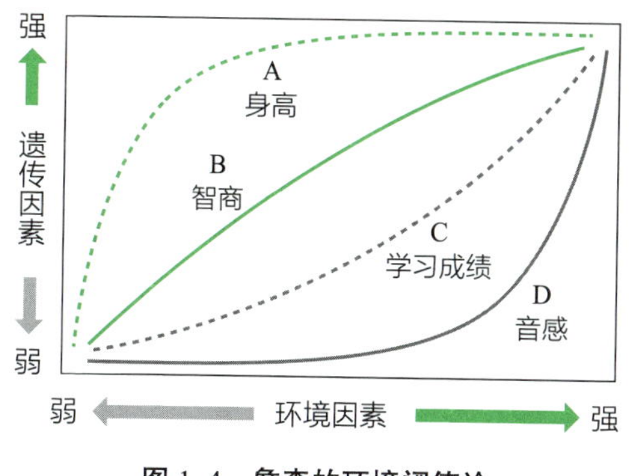

图 1–4　詹森的环境阈值论

重要性则较为凸显；而音感或外语语音辨别力（D）则高度受制于环境因素。

现代观点认为，遗传因素与环境因素相互作用，双方共同影响着个体的发展，任何一方都不会占据绝对的主导地位。

弗洛伊德的性心理发展阶段论

探究人性本能和潜意识的弗洛伊德

弗洛伊德是精神分析学派的创始人，他于 1856 年出生在捷克斯洛伐克摩拉维亚地区小城弗赖堡的一个犹太家庭中。四岁时，弗洛伊德随家人一起移居奥地利维也纳，并在那里度过余生。

弗洛伊德对人类本能和潜意识表现出了浓厚的兴趣，在此之前，这块领域几乎未被深入探究过。弗洛伊德的理论对后来的欧洲思想产生了深远的影响。他认为，性本能是人类生理发展的基础，但性本能在社会中常常会受到压抑。同时，弗洛伊德强调，儿童时期如何调控性本能，将对个体的发展产生重要的影响。

那么，弗洛伊德是如何具体阐述儿童性心理发展过程的呢?

弗洛伊德的性心理发展阶段论

弗洛伊德将驱动性欲的心理能量称为力比多。他认为，随着个体的发展，力比多会集中在身体的不同部位，于是他根据这些部位，对性发展的各个阶段进行了命名。

个体出生后到 1.5 岁的阶段称为口欲期；1.5 ~ 3 岁的阶段称为肛门期；3 ~ 6 岁的阶段称为性器期；6 ~ 12 岁的阶段称为潜伏期；12 岁以后称为生殖期。具体如表 1–2

所示。

表 1–2　　　　　　弗洛伊德的性心理发展阶段论

出生 ~ 1.5 岁	口欲期	处于母乳期。主要通过口唇吮吸来跟外界交流
1.5 ~ 3 岁	肛门期	开始学习控制排泄。通过排泄向外界表明自己的意志，自主意识开始萌芽
3 ~ 6 岁	性器期	开始亲近异性父母，同时对同性父母产生敌意。个体通过对父母的观察，形成性别意识
6 ~ 12 岁	潜伏期	在性器期对同性父母产生的敌意可能引发阉割焦虑，性欲暂时受到抑制
12 岁以后	生殖期	在这一阶段，口唇、肛门、性器等局部性欲逐渐整合，形成成熟的性欲。个体逐渐发展出对他人完整人格的认知和情感，完成心理上的性爱发展进程

此外，弗洛伊德还提出，个体幼年时期的力多比与成人后的性格特征存在因果联系。这一理论是基于他在精神分析过程中的观察而提出的。他注意到一些患者在进行自由联想时，频繁提及与口相关的事或物。弗洛伊德据此推断，若是个体的力比多停滞在某个特定的性发展阶段（即固着现象），便会形成与该阶段需求相关的性格特征，比如常见的口唇性格和肛门性格。

口唇性格。这类人往往表现为健谈，有的人是美食家，有的人是重度烟民，还有的人嗜酒。幼时口唇活动的需求充分得到满足的个体，成人后可能会表现出对知识的渴望；而没有得到充分满足的个体，成年后则容易对一切事物抱有强烈的羡慕和悔恨之情。

肛门性格。表现为节制，与个体控制不排便所获得的快感有关；表现为顽固，与抗拒母亲的排便训练有关；表现为较真，与顺从训练并过度关注细节有关。

本我、自我、超我

弗洛伊德提出的关于性发展阶段与人格形成之间关系的理论，在当时是一种极为独特的观点。

弗洛伊德认为，在性发展过程中，人格的三个要素逐渐形成。这三个要素分别是本我、自我和超我。它们的含义如下。

- 本我（Id）：本能的冲动。
- 自我（Ego/Self）：当下自己的意识的组成部分，负责抑制冲动的本我，并与负责道德约束的超我进行协商。

- 超我（Superego）：道德心和良知。

如图 1–5 所示，本我存在于潜意识层面，主要受快乐原则支配。随着个体与外界关系的复杂化，本我逐渐衍生出自我。自我通过现实原则来满足本我的欲望，并考虑与周围环境和谐相处。超我则主要负责道德约束，

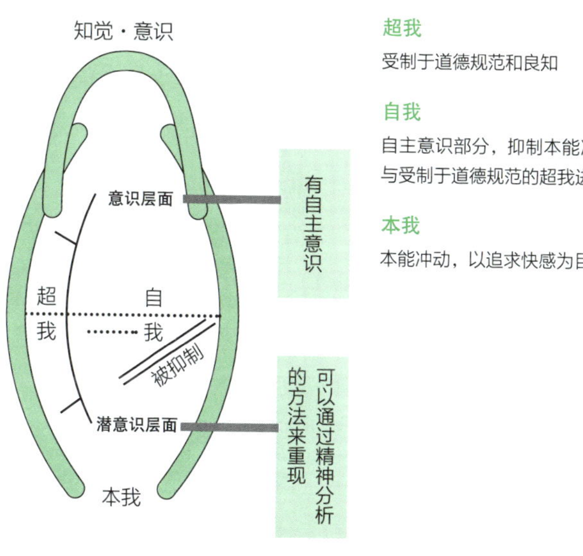

图 1–5　弗洛伊德提出的心理结构示意图

在个体处于性器期（也称为俄狄浦斯期）时，从自我中派生而成。

俄狄浦斯情结

俄狄浦斯情结是弗洛伊德性心理发展理论中的一个重要阶段，通常指儿童在3～6岁时经历的心理发展阶段。在此阶段，个体产生对异性父母的情感依恋，同时对同性父母产生竞争和敌对的情绪，这种心理被称作俄狄浦斯情结。弗洛伊德提出这一概念的灵感源自希腊神话中的俄狄浦斯王。在神话中，俄狄浦斯王杀害了父亲，并娶了自己的母亲。

根据弗洛伊德的观察与分析，经历了俄狄浦斯情结之后，个体会逐渐意识到自己无法独占异性父母的爱，于是个体会试图模仿同性父母（即认同同性父母），以此来获得异性父母的爱。

弗洛伊德认为，俄狄浦斯期是否能够得到妥善处理，对个体道德感和社会规范意识的形成至关重要。在此阶段，孩子最终会认同同性父母的行为规范和价值观，并逐渐内化这些规范，形成自我约束。这一过程也被认为是超我发展的关键环节。

儿童受生存本能的驱使，努力去满足本我的需求。然而，在成长过程中，自我开始萌芽，他们逐渐学会如何遵守社会规则。尽管个体有时可能会背离社会规范，但他仍然在持续不断地探索着能在社会中安全生存的路径。

此外，弗洛伊德还特别关注人类的潜意识领域，并由此衍生出了梦的解析和自我防御机制等相关理论。由此可见，弗洛伊德的理论对现代心理学的发展产生了极为深远的影响。

埃里克森的人格发展理论

心理社会发展理论把人生划分为八大阶段

埃里克森是一名精神分析学家，他的研究主要聚焦于心理的社会性。基于这一研究方向，他提出了“人格发展渐成论”，这一理论将人生划分为八大阶段，对当代发展心理学的发展产生了重大影响。埃里克森基于弗洛伊德的生物学视角，加入了社会性维度，创立了独特的人格发展理论。

在心理社会发展理论中，个体的一生分为婴儿期、幼儿前期、幼儿后期、儿童期、青年期、成年前期、成年后期和老年期八个阶段，并且每个阶段都有重要的特征、人际关系课题以及心理危机。

埃里克森认为，个体为了实现健全的自我发展，每个阶段都存在需要完成的发展任务。他还指出，如果每个阶段需要完成的课题（具体如表 1–3 中“心理危机”部分所示）没有完成，就直接进入下一阶段的发展，那将无法发展出健康的自我。

在埃里克森的理论中，经常提到第一阶段的“信任 vs 不信任”课题，以及第五阶段的“自我同一性（身份认同的建立）vs 同一性混乱”课题。

关于“信任”课题，是指个体从出生开始便信任父母，并将生命托付给他们，因此在这一时期建立的信任感将成为支撑个体一生最重要的心理纽带。关于“身份认同”课题，可以参见本书“青年期”相关章节。

表 1–3　　埃里克森的心理社会发展理论

阶段	心理危机	重要的人际关系	特征
第一阶段：婴儿期 0～1 岁	信任 vs 不信任	母亲	培养能够真心信任他人（如父母）的重要时期
第二阶段：幼儿前期 1～3 岁	自律性 vs 羞耻、怀疑	父母	学习如何自主控制排泄及其他日常生活行为
第三阶段：幼儿后期 3～6 岁	自主性 vs 罪恶感	家庭成员	学习自己思考、自己行动的重要时期。大人需要重视并培养孩子的自主意识
第四阶段：儿童期 6～12 岁	勤奋 vs 自卑感	邻居、学校	体验"只要去做就能做到"的过程，并且学会勤奋努力
第五阶段：青年期 12～25 岁左右	自我认同 vs 角色混乱	同伴群体、偶像	探索自己的性格、未来等，寻求自我认同
第六阶段：成年早期 25～35 岁左右	亲密 vs 孤独	朋友、伴侣、竞争及合作对象	通过和伴侣保持亲密关系，来学习尊重对方、珍惜对方。会结婚建立家庭
第七阶段：成年后期 35～65 岁左右	繁衍 vs 停滞	同事、家庭	致力于为下一代（孩子、孙子、学生等），贡献自己的知识、经验和爱心
第八阶段：老年期 65 岁之后	自我完善 vs 绝望感	全人类	回顾自己的一生，实现自我完善

哈维赫斯特的发展课题理论

哈维赫斯特的发展课题理论的特点

哈维赫斯特出生于美国威斯康星州的小镇迪佩雷。早年，他在俄亥俄州立大学学习物理和化学，曾在威斯康星大学任教，教授物理学课程。后来，哈维赫斯特的兴趣逐渐转向了教育学和人类发展领域。

哈维赫斯特的理论有一个特点：从婴儿期到老年期的每个发展阶段，都设定了具体的发展任务，例如“与同龄人建立友谊”或“为职业发展做准备”等，具体如表 1–4 所示。在人生发展任务的内容方面，这一理论比埃里克森的发展任务理论更具体。

哈维赫斯特将发展任务分为生理成熟与技能、社会文化规定、个人价值与选择等多个领域，并针对每个领域分别设定了具体发展任务。例如，在婴儿期，他提出了婴儿需要学习走路、说话、与父母或兄弟姐妹以及其他人建立情感联系等广泛的发展任务。他还指出，如果某个阶段的发展任务没有完成，将影响到下一阶段发展任务的开展。

哈维赫斯特的发展理论被认为具有浓厚的教育学色彩。这主要是由于他在研究个体发展时，是从教育者的视角出发进行思考的。因此，学校教育在设立和制定教育目标时，经常参考哈维赫斯特的发展任务理论。

表 1–4　关于哈维赫斯特所提出的发展任务的具体例示

婴儿期	
	• 学习走路 • 学习食用固体食物 • 学习说话 • 学习控制排泄 • 学习认识性别差异以及性别角色 • 学习和父母、兄弟姐妹以及他人建立情感联结
儿童期	
	• 学习玩球、游泳等必要的身体技能 • 和同龄人建立友谊 • 培养良知、道德观、价值观 • 形成独立的人格
青年期	
	• 和同龄男女生建立新的关系 • 培养情感自主，减少对父母及其他成年人的依赖 • 培养经济独立 • 为职业发展做准备 • 为结婚和建立家庭做准备 • 积极参与并负责任地完成社会实践

续前表

壮年期	
	• 工作 • 选择配偶、组建家庭 • 养育子女 • 除了关注小家，还需积极承担起社会责任，为社会做贡献
中年期	
	• 做出具有社会责任感的行为 • 保证并维持一定的经济生活水平 • 支持并保护子女幸福成长 • 理解并适应中年期的生理变化
老年期	
	• 适应生理机能的衰退 • 适应退休生活及收入的减少 • 适应配偶的离世 • 和同龄人保持和谐关系

从精神分析的视角加深对儿童的理解

克莱因、马勒、温尼科特的发展理论

在弗洛伊德之后，有一些研究者从精神分析的角度出发，对儿童与父母的关系进行了理论性的探讨，并提出了富有启发性的见解。其中，代表性人物包括梅兰妮·克莱因（Melanie Klein）、玛格丽特·马勒（Margaret Mahler）和唐纳德·伍德·温尼科特（Donald Woods Winnicott）。

克莱因于 1882 年出生于弗洛伊德所在的奥地利维也纳，她创立了当时的主流学派——克莱因学派。这一学派为后来客体关系理论的孕育与发展奠定了基础，代表人物包括西格尔、比昂、温尼科特和费尔贝恩等。克莱因提出了基于游戏疗法的儿童分析方法，并构建了关于早期对象关系与防御机制的理论。

温尼科特于 1896 年出生在英国的普利茅斯。他曾在剑桥大学学习生物学，之后又修读了医学和儿童科学相关课程，最终成为一位儿科医生。

出生于匈牙利的马勒，她的父亲是犹太裔匈牙利人。为了躲避纳粹的迫害，马勒移居至美国，并成为一名活跃的儿童精神科医生。

克莱因的研究主要关注婴儿与母亲之间的两次冲突；温尼科特的研究聚焦于母亲与婴儿的关系；而马勒则深入研究了婴幼儿的分离与个体化过程。

时至今日，他们的理论仍对发展心理学的研究有着重要影响。

克莱因提出的概念

婴儿在母婴关系发展过程中经历两次冲突

偏执分裂状态

这种状态描述的是婴儿在出生后 3 个月内的心理状态。刚出生的婴儿会将满足自己需求的乳房视为“好的客体”，而未能满足自己需求的乳房则被视为“坏的客体”。婴儿对“好的客体”倾注热烈的爱，逐渐将其理想化，并产生一种自己能够控制母亲的全能感

抑郁状态

通常在 4 个月到 2 岁左右，婴儿的关注从乳房转向母亲整体。婴儿逐渐意识到“好的客体”和“坏的客体”其实是同一个母亲。这种认知让婴儿产生焦虑，害怕自己被所爱的母亲抛弃，同时也可能因吮吸母亲的乳头而产生罪恶感。婴儿意识到自己对母亲既“厌恶”又“喜欢”，这种矛盾的情感使他们感到内疚，进而出现抑郁情绪

温尼科特提出的概念

温尼科特从精神分析的角度考察了母婴关系，并提出了以下几个概念

原初母爱贯注

指母亲在孩子出生前后几周内，几乎病态地全身心投入到对婴儿的关注中

拥抱

指的是在日常育儿过程中，母亲所进行的拥抱行为。通过拥抱，孩子可以获得全能感和安全感

足够好的母亲

指母亲在婴儿需要时，给予及时且合适的支持，不强加要求

涂鸦游戏

温尼科特发明的一种绘画互动沟通技巧

过渡客体

为了缓解分离引发的焦虑，孩子常常会出现抱着玩偶、吮吸毛毯的边角等行为。这些玩偶或毛毯被称为“过渡客体”

幻觉与去幻觉

婴儿以为母亲的乳房是自己身体的一部分，这被称为“幻觉”。婴儿逐渐从这种依赖中脱离出来，则被称为“去幻觉”

马勒的分离－个体化过程

“分离－个体化过程”指的是个体逐渐认识到自己与他人存在差异的过程。马勒将这一过程分为四个阶段

分化期（出生后 5～9 个月）

婴儿开始有一些细微的动作变化，他们会在母亲的怀抱中或膝盖上挪动，尝试通过伸手触摸母亲的脸部或拉扯母亲的耳朵等行为，来区分自己与他人的不同

练习期（出生后 9～14 个月）

婴儿能够行走后，开始对身边的毛毯或玩具产生兴趣，看起来似乎暂时忘记了母亲的存在，但他们仍然以母亲为中心来决定自己的活动范围

再接近期（出生后 14～24 个月）

婴儿能离开母亲自由活动，但与母亲分离会让他们产生焦虑和不安。婴儿通过反复靠近和远离母亲，试图找到与母亲之间合适的心理距离

个体化的确立与情感客体恒常性的发展（出生后 24～36 个月）

即使母亲不在身边，婴儿也能在内心建立一个情感稳定的母亲形象，由此获得更持久的安全感和独立性，保持自我的稳定性

发展心理学的研究方法

各式各样的研究方法

研究儿童的方法多种多样，下面介绍一些经典的研究方法。

1. 观察法

自然观察法是一种在自然状态下记录行为的研究方法。例如，在保育过程中，按照时间顺序记录儿童的行为，这种方法被称为“行为描述法”。而另一种方法则着重记录观察者认为对理解和研究儿童具有重要意义的行为或事件，这种方法被称为“逸事记录法”。

观察法中还包括系统观察法。这种方法是根据研究目的，有意地控制或设置条件，创造特定情境，从而系统地观察儿童行为的方法。

2. 实验法

通过变换各种条件（自变量），将被试分为设定条件的实验组和不设定条件的对照组，比较分析自变量对被试行为（因变量）的影响。

3. 心理测试法

这种方法将预先设计好的问卷或任务分配给被试，在被试完成后回收结果，通过定量或定性的方式进行分析，掌握被试的性格、态度、兴趣、发育水平等情况。这种方法特别重视客观性，所以确保测试的信度（指无论何时何人测量都能得到相同结果）和效度（指测量是否准确）是关键。

此外，长期追踪特定个人或群体，例如追踪观察 1 年或 3 年，以此来研究其发展变化的方法，称为纵向研究法；而选择不同年龄段的群体进行比较分析的方法，则称为横向研究法。

4. 经典的发育水平测量法

- 远城寺式婴幼儿发育水平测量法。该方法适用于评估 0～4 岁 8 个月大的婴幼儿的个体发育水平。评估涵盖了六大领域，分别为：（1）移动运动；（2）手部操作；（3）基本习惯；（4）人际关系；（5）发话；（6）语言理解。
- 津守·稻毛式婴幼儿心理发育水平测量法。这是一种由家长或保育员记录婴幼儿情况，进而间接评估婴幼儿心理发育水平的测量法。这种方法适用于 0 ~ 3 岁或 3 ~ 7 岁儿童。评估内容主要包括五个方面：（1）运动；（2）探索和操作；（3）社会适应行为；（4）饮食、排泄及生活习惯；（5）理解与语言。

- 其他研究方法。除了上述两种测量方法外，还有一些其他的测量方式，例如 KIDS 婴幼儿发育量表、新版 K 式发育测验、日本版丹佛式发育筛查测试等。

多项研究方法

自然观察法

实验法

纵向研究法

横向研究法

文化不同，儿童观也不同
——日本的性善说与西方的性恶说

日本有句谚语说道：“七岁之前皆为神之子。”在过去，医疗条件有限，很多小孩幼年便夭折了，因此人们认为，若孩子能活过七岁，那么他们将来更有可能健康地生存。早夭的孩子被认为属于另一个世界“神之国”，所以当时不会为他们举行正式的丧礼，一般采用临时下葬的方式来处理后事。

在日本，人们认为孩子生来就拥有善良的心，即便不加以干预，他们也能自然地成长。这种观点与西方的儿童观截然相反。西方秉持“性恶说”，认为孩子生来带有“恶”性，因此，必须通过严厉的管教手段，来矫正孩子天生扭曲的心灵，严苛的教育被视为理所当然。

综上所述，不同的文化对儿童的理解和看法大相径庭。在“孩子即恶”这一观念盛行的西方世界，像卢梭和福禄培尔这样提倡新时代人性观的学者，确实非常具有前瞻性。

第2章

胎儿期至婴儿期的发展

本章将逐一探讨人类在出生前及出生后，是如何逐步成长和发展的。

在母体的腹中，胎儿是如何成长的

胎儿在母体的腹中也很活跃

从科学和医学的角度来看，近些年来关于胎儿成长和发育的研究逐渐成熟。在此之前，人们普遍认为母体的腹中是一片黑暗，胎儿在出生之前听不到任何声音，只是在母体中安静地待着。

但是，许多新的研究逐渐推翻了这一猜想。新的研究表明，即便在母体的腹中，胎儿也能够清晰地听到外界的声音，还会出现吮吸手指、打嗝，甚至笑出声来的行为，他们表现得很活跃。

生理性早产

瑞士动物学家波特曼将哺乳动物分为“离巢性”和“留巢性”两大类。离巢性动物的特点包括：妊娠期较长、出生时大脑发育较为完善、幼崽数量少，以及刚出生的幼崽能够立即进行与成年个体相似的活动。比如，马、猴子等高级哺乳动物就属于离巢性动物。

留巢性动物的特点则包括：妊娠期较短、出生时大脑未发育成熟、一次产下的幼崽数量多，以及幼崽处于未完全发育状态。比如，松鼠、兔子、鼬鼠等属于留巢性动物。

人类作为高级哺乳动物，虽然具备离巢性特征，但与其他动物相比，人类在出生时仍处于相对未完全发育的状态。这一现象被称为“生理性早产”或“子宫外的胎儿期”。

在母体中，从受精到胎儿出生需要 260 ~ 270 天左右（大约 40 周），这段时间称为胎生期。胎生期可分为三个阶段，如表 2–1 所示。

表 2–1　胎生期的三个阶段

胚期，也称卵体期 	从受精到受精卵在子宫上着床需要 8 ~ 10 天的时间，这段时间称为胚期。在这段时间内，受精卵不断分裂，细胞数量从 2 个到 4 个，逐渐增加，受精后第 3 天细胞可分裂为 12 ~ 16 个。随着分裂持续进行，胚胎会移动至子宫，并在子宫内膜上着床，从而开始妊娠

续前表

胎芽期	胚芽期是指从受精卵着床后开始，至受精后约第 2 周至第 8 周结束的这段时间。在此阶段，各器官的雏形开始形成。受精卵着床后，胚芽内层（胚叶）会分化为外胚层、中胚层和内胚层。到了 4 周半左右时，胚胎的心脏开始活动，有时在 5 周左右便能够检测到心跳
胎儿期	胎儿期是指从胎芽期结束到出生的这段时间。通常情况下，胎儿出生时身长约 50 厘米，体重约 3000 克。在胎儿期，胎儿通过脐带与胎盘相连，漂浮在羊水中生长。胎盘如同一个过滤器，负责给胎儿供给营养、氧气和抗体，同时处理废物代谢。而羊水则起到缓冲作用，帮助胎儿活动并调节胎儿体温

运动机能的发展

在妊娠 12 周左右时，我们通过超声波监测，可以观察到胎儿在羊水中频繁地活动。到 20 周时，胎儿会出现抓握反射和巴宾斯基反射（也称为足底反射）。与此同时，母亲也能够通过胎动感受到胎儿的活动。此外，大约在妊娠 4 个月时，我们可以看到胎儿吸吮手指。

怀孕 6 个月后，胎儿开始饮用羊水并排尿，有时还能看到胎儿吸吮胎盘的动作，这一动作是为将来吮吸母乳而进行的预先练习。不仅如此，胎儿还会在羊水中移动双脚，做出类似走路的动作。

临近分娩时，胎儿踢腿的动作逐渐减少，而扭动身体的动作有所增多，这可以视为胎儿为了生产时能顺利通过产道而进行的预先练习。

视觉功能的发展

怀孕 6 个月左右的胎儿，在受到强光照射时会有反应，具体表现为眨眼或眼球四处转动。

听觉功能的发展

胎儿对成年女性的声音表现出高度敏感。在妊娠 29 周左右时，如果让胎儿听音乐，胎儿的心率会有所上升。

临近分娩时，胎儿皮下脂肪增加，身体逐渐变得饱满、圆润。全身的胎毛逐渐减少，皮肤的皱纹也随之减少，皮肤开始富有弹性。头发逐渐生长，指甲也开始生长。此外，肺功能在妊娠 34 周左右基本发育完全。

也就是说，人类的成长发育并不是从出生开始的，而是从受精的那一刻就已经开始了。因此，母亲怀着珍爱之心来呵护腹中的胎儿成长，是非常重要的。

人体发育过程

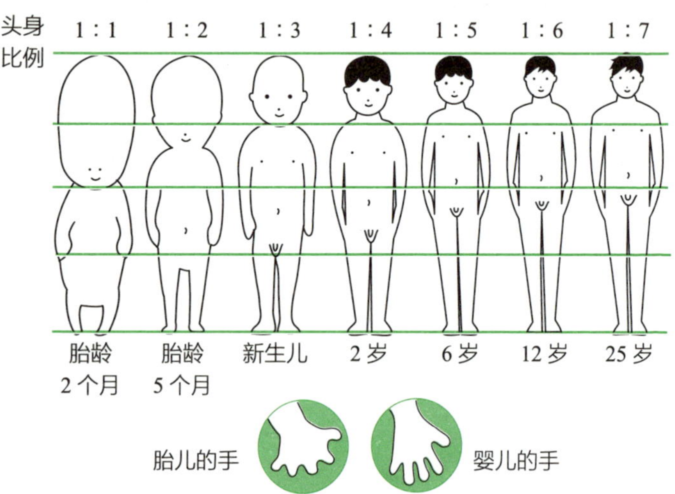

你知道“戌日”吗

在日本，按照干支历法，在进入妊娠第 5 个月后的戌日，为了祈求腹中胎儿平安以及孕妇分娩顺利，人们会在孕妇的腹部缠上一种由纱布制成的腹带，也叫岩田带。这种仪式被称为“带庆”。为什么要在“戌日”缠裹腹带呢？在日语中，“戌”和“狗”的发音相同，均为“inu”，而狗在生产时通常较为顺利，而且一次能产下较多幼崽。因此，长久以来，日本人都将狗视为保佑顺产的守护神。此外，戌是十二干支之一，每 12 天就会轮到一个戌日，也就是说，一个月大约会有 3 次戌日。

在医学尚不发达的年代，日本这种独特的仪式，可以说是一种保护母婴健康的民间智慧。

身体发育的八大基本规律

身体发育遵循一定的规律

婴儿通常不会在未经历爬行阶段的情况下，就突然能够站起来并直立行走。婴儿一定会经历爬行到扶着站立，再到迈出第一步这样的成长过程。无论哪个国家，人类的发育都是按照一定的基本规律进行的。以下是身体发育的八个基本规律：

- 发育是一个连续的过程；
- 发育具有一定的方向性；
- 发育是一个分化与整合的过程；
- 发育是个体与环境相互作用的结果；
- 发育中的各种因素相互关联；
- 发育遵循一定的顺序；
- 发育存在个体化差异；
- 发育具有周期性。

身体发育的八大基本规律

1. 发育是一个连续的过程

身体发育是一个连续且逐步推进的过程，不会出现突然的跳跃式改变

2. 发育具有一定的方向性

身体发育遵循特定的方向，通常先从头部开始，然后逐渐向四肢延伸。具体表现为从头部到臀部、从中枢神经系统向身体末梢逐步进行

3. 发育是一个分化与整合的过程

例如，抓取物体的动作会从用整个手掌抓握的未分化状态，发展到利用拇指和食指抓取的分化状态

4. 发育是个体与环境相互作用的结果

在发育过程中，个体作用于环境，同时环境也作用于个体，两者相互作用，共同促进身体的发育进程

5. 发育中各种因素相互关联

发育不是各种因素独立运行的结果，而是各种因素相互关联、整体协调，共同推动着身体的发育进程

6. 发育遵循一定的顺序

发育是按照一定顺序进行的。例如，从爬行到扶站、再从扶站到直立行走

7. 发育存在个体化差异

发育具有个体化差异，例如月经初潮期或变声期因人而异

8. 发育具有周期性

发育过程中，以往出现的特征会反复出现

斯卡蒙发育曲线类型

斯卡蒙发育曲线类型是由斯卡蒙在 1930 年提出的，他通过图表展示了人体各个器官的重量与年龄阶段之间的关系，以此来说明个体从出生到成年过程中身体各部位的发育情况。

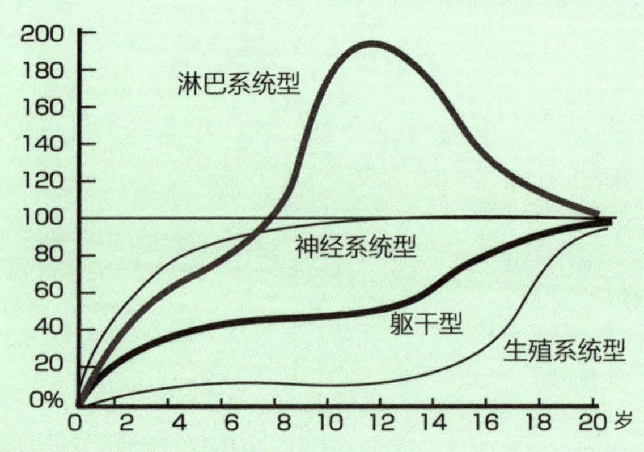

新生儿的能量

出生时的平均体重和身高

婴儿经过大约 40 周，也就是 10 个月零 10 天的孕期后出生。日本新生儿的平均体重约为 3000 克，身长约为 50 厘米。出生时体重不足 2500 克的婴儿通常被称为“早产儿”，但是，这是一种通俗的叫法。严格来说，出生体重低于 2500 克的婴儿应被称为“低出生体重儿”，只有在胎龄不足 37 周出生的婴儿才被称为“早产儿”。

此外，低体重儿根据出生体重，还可以分为以下三种。

- 低出生体重儿：出生体重低于 2500 克。
- 极低出生体重儿：出生体重低于 1500 克。
- 超低出生体重儿：出生体重低于 1000 克。

婴儿的听觉

相较于单纯的声音，新生儿往往更喜欢复杂的声音。

而且，新生儿似乎能够分辨母亲的声音和其他女性的声音。研究表明，即便是1个月大的婴儿，也能够区分“b”和“p”这两个发音的不同。

婴儿的视觉

婴儿自出生起，就能够模糊地感知周围的事物，此时他们的视力大约为0.02。随着生长发育，到1岁左右时，婴儿才能逐渐清晰地视物。

研究者范茨曾进行过一个实验，他给婴儿展示了人脸、报纸剪辑、螺旋图案，以及红色、白色、黄色等图案，以此来刺激婴儿的视觉，并记录了婴儿对不同图案的注视时间。实验结果显示，2个月大的婴儿最喜欢看的是人脸。这一结果说明，婴儿从出生到2个月左右时就已经对复杂且有趣的事物产生了兴趣，会主动地、有选择性地去注视这些事物。

视觉悬崖

吉布森和沃克为了探究深度知觉是人类与生俱来的本能，还是通过经验习得的能力，设计了一组实验装置，并对婴儿进行了测试（如下图所示）。该装置的表面是钢化玻璃，透过玻璃往下看会产生悬崖视觉效果。当 6 个月大已经能够爬行的婴儿爬上这块玻璃时，他们也会在看上去像悬崖的玻璃边缘停下，他们会表现出害怕和犹豫退缩的样子。这项研究表明，婴儿即使没有接受教导，也能凭借运动视差等线索感知深度。

视觉悬崖实验

玻璃的一边看到的是近距离的棋盘格图案，另一边看到的是棋盘格地板

婴儿的运动机能是如何发展的

身体的急速发育

婴儿在出生后的第 1 年，会以惊人的速度发育、成长。他们大约 3 个月大时能够抬头，6 ~ 7 个月大时能坐稳，之后开始爬行，最终能够直立行走。在此过程中，婴儿运动能力的快速发展，也会促进智力、心理以及交际能力的发展。

就像谚语“会爬就希望他能站，会站就希望他能走”所表达的那样，父母常常期待孩子尽快成长。然而，每个孩子的发育速度都存在差异，所以父母需要耐心陪伴，尊重并守护孩子自身的成长节奏。

爬行阶段的成长过程

婴幼儿发育的过程

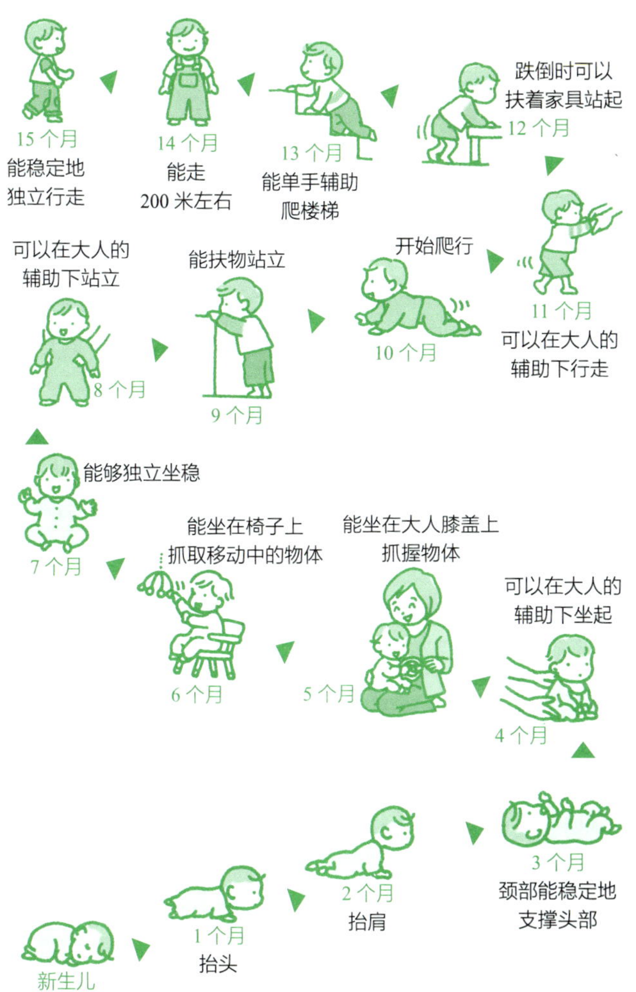
新生儿
1 个月
抬头
2 个月
抬肩
3 个月
颈部能稳定地
支撑头部
4 个月
可以在大人的
辅助下坐起
5 个月
能坐在大人膝盖上
抓握物体
6 个月
能坐在椅子上
抓取移动中的物体
7 个月
能够独立坐稳
8 个月
可以在大人的
辅助下站立
9 个月
能扶物站立
10 个月
开始爬行
11 个月
可以在大人的
辅助下行走
12 个月
跌倒时可以
扶着家具站起
13 个月
能单手辅助
爬楼梯
14 个月
能走
200 米左右
15 个月
能稳定地
独立行走

婴儿的大脑是如何发育的

出生时大脑便拥有 140 亿个神经元

从胎儿期开始，大脑的脑细胞就不断分裂，并以惊人的速度发育。出生时，婴儿的大脑便已经拥有大约 140 亿个神经元（也叫神经细胞），这个数量在成年后也不会发生太大的变化。但值得注意的是，到了 20 岁之后，每天大约有 10 万个脑细胞逐渐走向衰亡。

既然成年后神经元不再增长，那么在儿童时期，大脑是如何持续发育的呢？在中枢神经的发育过程中，最开始会形成神经板，接着神经板发展出神经沟，随后神经沟进一步形成神经管，而神经管便是大脑和脊髓的雏形。当神经管的末端开始充盈时，神经管会发生大幅度弯曲。大约在胎儿发育的第 40 天，前脑泡、中脑泡和后脑泡这三个区域便清晰可见了。此后，前脑泡分化为端脑和间脑，后脑泡则分化为后脑和延脑，最终形成五个脑泡。剩下的神经管部分，则会发育成为脊髓。

神经元回路的生长促进了大脑的发育

大脑由神经元和胶质细胞构成。神经元由树突、细胞体（包括细胞核及其周边部分）、轴突（即神经纤维）以及神经末梢组成。

神经末梢是神经元之间的信息中转站。神经元通过轴突将信号传导至神经末梢，神经末梢再将信号传递到下一个神经元。

神经元之间的连接部位叫作突触。也就是说，神经元通过延伸树突和轴突，与其他神经元形成复杂的神经网络，并在这个网络里传递信号。可以说，神经网络的形成是促进人脑发育和功能成熟的关键因素。

大脑的发育过程

3 毫米大小的胎儿

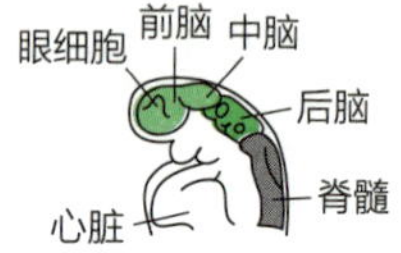

4 毫米大小的胎儿

8 毫米大小的胎儿

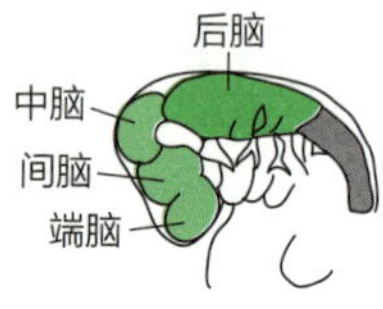

7 周大的胎儿

中脑
间脑
延髓
端脑
脊髓

3 个月大的胎儿

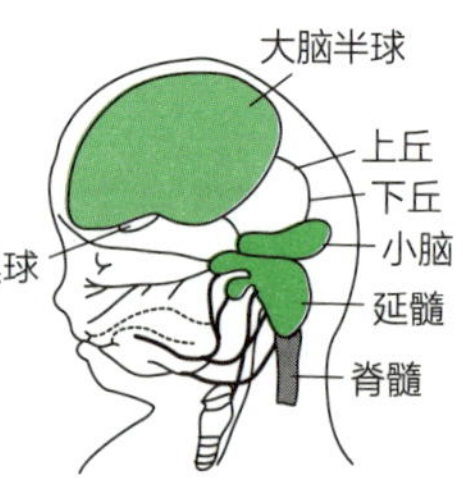

神经元（也叫神经细胞）

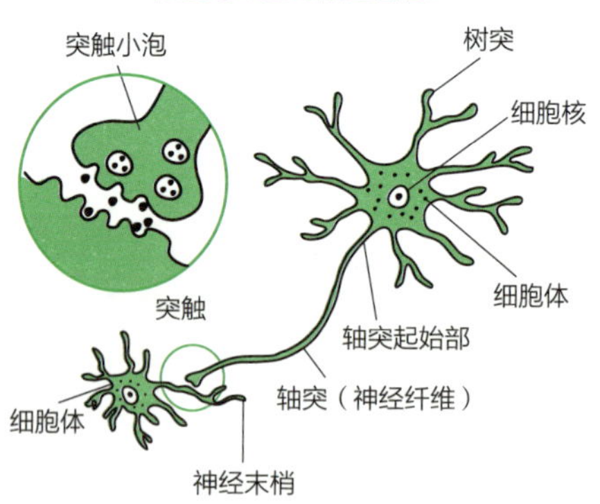

原始反射是一种生存本能

反射是一种无意识的自我保护行为

当有球朝我们飞来时，我们会立刻闭上眼睛，以此来保护眼睛；或者会迅速伸手，下意识地遮住脸部。这种无意识的自我保护行为，是人类与生俱来的本能。在这类无意识的行为中，那些仅通过神经系统对某些刺激引发的自动反应，被称为“原始反射”。

大多数原始反射在婴儿出生几个月后便会消失。不过，这些原始反射为观察婴儿神经系统的功能发育情况提供了参考指标。

下面，让我们来看几种典型的原始反射，具体内容参见下图。

原始反射的类型

抓握反射

当我们将手指或小物体放在婴儿手掌或脚掌上时，婴儿会自动握紧不放。这种反射主要体现在手指和脚趾部位，通常在婴儿 3 ~ 4 个月大时消失

巴宾斯基反射

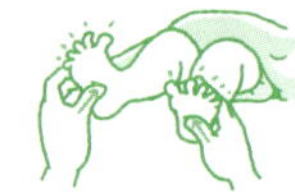

轻触婴儿的脚底，婴儿的大脚趾会上翘，其他四个脚趾会像扇子一样张开。这种反射现象是由法国医生约瑟夫·巴宾斯基发现的，通常在婴儿 12 ~ 24 个月大时消失

惊跳反射（莫罗反射）

这种反射现象是由德国医生莫罗首次观察到并命名的，又称“莫罗反射”或“拥抱反射”。让婴儿仰卧，并支撑好其背部和头部，然后突然降低婴儿头部高度时，婴儿会迅速伸展双臂和双腿，随后双臂会缓慢向内缩回，紧贴胸前。这种反射是评估婴儿神经发育情况的重要指标之一，反射现象通常在婴儿 3 ~ 4 个月大时减弱，6 个月内完全消失

觅食反射（寻乳反射）

觅食反射，也称为寻乳反射。这种反射现象表现为，当我们轻轻触碰婴儿的脸颊时，婴儿会将头转向被触碰的一侧；当乳房接触到婴儿时，婴儿会自然转头并吸吮乳头。这种反射通常在婴儿 3 ~ 4 个月大时消失

吸吮反射

当物体触碰到婴儿的嘴唇时，婴儿会自动开始吸吮。这种反射帮助婴儿吸吮母乳或奶瓶。婴儿吸吮 8 ~ 9 次后会暂停，然后再接着重复吸吮。这种反射通常在婴儿约 4 个月大时消失

迈步反射

用手撑着婴儿的腋下，使婴儿双脚接触地面并稍微让其身体前倾，虽然此时婴儿还尚未学会走路，但他们会做出类似步行的腿部动作。这种反射通常在婴儿约 2 个月大时消失

强直性颈反射

让婴儿处于仰卧状态，并慢慢地将其头部转向一侧，婴儿脸朝向的一侧的手臂会自动伸直，同时另一侧的手臂会曲起，摆出“击剑姿势”。这种反射有助于测试婴儿的神经系统发育情况是否存在异常，通常在婴儿 4 ~ 6 个月时消失

大脑的发育促使原始反射转变为自主运动

为什么这些原始反射在婴儿出生后几个月内会自然消失呢？这是因为随着婴儿大脑皮层的发育，原始反射会逐渐被自主运动所替代。

倘若婴儿出生几个月后，其身上仍然存在原始反射现象，这可能意味着他的脑功能存在一些异常情况。

通过观察新生儿的原始反射，我们可以了解人类从出生起便具备的基本的生存技能。

婴儿的个性具有多样性

婴儿的个性可以分为三种类型

你见过新生儿室里一排排刚出生的婴儿吗？有的孩子哭声响亮，仿佛要把屋顶掀翻；有的孩子哭声微弱，几乎听不见。从这一幕我们就能看出，从出生那一刻起，每个人就有独特的个性。

美国儿科医生托马斯和切斯通过研究发现，婴儿在出生时便展现出了不同的性格特征。基于婴儿的行为特点，他们将婴儿的个性分为三种类型。

- 易养型。情绪稳定，适应能力强，生活有规律，容易安抚，也就是我们常说的“天使宝宝”。大约 40% 的婴儿属于这种类型。
- 难养型。情绪波动大，作息不规律，很难适应环境变化。大约 10% 的婴儿属于这一类型。
- 慢热型。适应环境变化比较困难，但情绪相对温和，活动量也较小。大约 15% 的婴儿属于这种类型。

剩余大约 35% 的婴儿因特征不典型而未分类。

另外，父母需要深入了解婴儿气质的九个维度（如表 2–2 所示），才能理解婴儿的行为表现和个性需求，以便更好地养育他们。

表 2–2　　婴儿气质的九个维度

维度	特征
1. 活动水平	**高**：不停地活动 **低**：安静地睡觉
2. 生理节律	**强**：定时进食；定时睡觉 **弱**：不定时进食；不定时起床

续前表

维度	特征
3. 趋避性	**趋近：** 对新玩具、新食物和新面孔感兴趣，会伸手接近或露出微笑 **回避：** 拒绝、躲避新事物，甚至哭闹
4. 适应能力	**强：** 能逐渐喜欢上洗澡；能适应新玩具并愉快地玩耍 **弱：** 对突然的尖锐声、换尿布行为反应大；始终难以适应新的看护人
5. 反应强度	**强：** 被父母逗玩时会放声大笑；在量体温或穿衣服时会哇哇大哭或吵闹不止 **弱：** 饥饿时只是轻轻啜泣；即使衣服卡住手脚也不会吵闹
6. 情绪本质	**高：** 一天中情绪愉悦，总是笑眯眯的 **低：** 即使大人抱、哄、逗，也会哭闹不止
7. 坚持性	**强：** 可以专注地盯着移动玩具，喜欢玩耍 **弱：** 很快吐出安抚奶嘴
8. 注意分散度	**强：** 受到安抚便能忘记饥饿；手中拿着玩具，就会忘记换衣服的烦恼 **弱：** 进食的时候吵闹；换衣服时也不停地吵闹
9. 反应阈值	**强：** 对外界的声音或光线反应敏感；有的宝宝甚至能觉察到苹果泥中添加了维生素，因此不肯进食 **弱：** 只对外界的巨大声响、尿不湿漏尿或正在吃的食物有所察觉

婴儿的可爱有据可依

婴儿的面部特征

很多大人在大街上看到擦肩而过的婴儿时，总是忍不住说：“好可爱！”为什么婴儿会让人产生这种感觉呢？这背后蕴含着一定的生物学和心理学原理。

在纸上画出一个婴儿的脸，然后在旁边画出妈妈的脸，这两张脸到底有什么不同呢？

日本学者山口指出，从面部比例来看，婴儿的脸更宽，眼睛相对较小，两眼之间的距离较大。此外，婴儿特有的丰满脂肪以及头骨比例，也是形成可爱面容的关键因素。不过，随着头骨的成长，五官会发生变化，婴儿的面部特征也会逐渐改变。

例如，婴儿小时候两眼之间的距离较宽，但随着头骨的成长，这个距离会逐渐缩小。

20 世纪 70 年代后期，心理学家阿雷等人尝试用一种叫作心形曲线的特别的数学函数，来解释孩子成长过程中头骨的变化。之所以叫心形曲线，就是因为它的形状像心脏。按照这种算法，我们只需将脸部的棱角修得圆润些，就可以画出一张娃娃脸。

惹人爱的特征——婴儿图式

动物行为学家洛伦茨（Konrad Zacharias Lorenz）将“可爱”所具备的特征归纳为大大的头、圆圆的脸颊、两眼之间的距离较宽、五官集中于面部下方以及体型圆润敦实，并将这些特征命名为“婴儿图式”。

洛伦茨解释说，人类在面对具有这些特征的对象时，会自动产生保护欲望。这是由“先天释放机制”所触发的一种自然反应。

现在，你是否明白为什么大家看到婴儿都会说“好可爱”了呢？

即使是绘画技巧欠佳的人，只要画出丰满圆润的脸庞，稍微拉宽两眼之间的距离，并适当拉大眉毛与眼睛之间的距离，就能画出一张可爱的娃娃脸。

婴儿图式

1. 大大的脑袋
2. 圆圆的脸颊
3. 两眼之间的距离较宽
4. 五官较集中于面部下方
5. 体型圆润敦实

婴儿的情感是如何发展的

情感是如何发展的

当大人逗弄婴儿时，婴儿会手舞足蹈，用全身来表达喜悦。这是婴儿表达情感的一种方式。布里吉斯是最早对婴幼儿的情感发展进行系统研究的学者之一，他提出了婴幼儿的情感发展过程论，具体如图 2–1 所示。

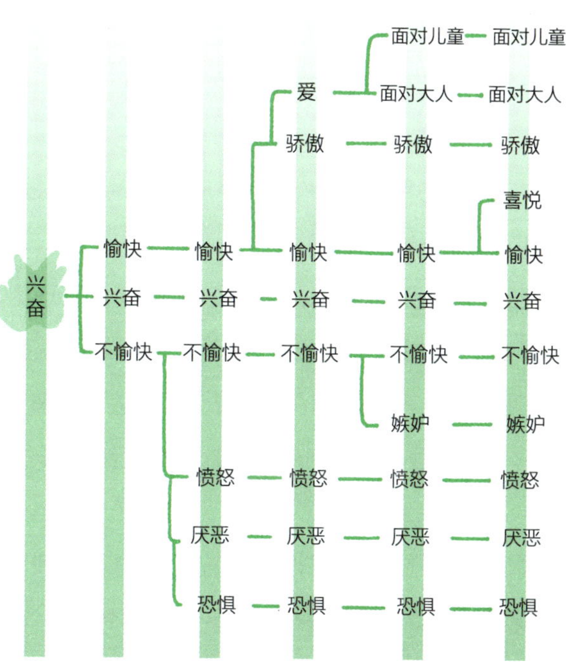

图 2–1　婴幼儿在 2 岁以前发展出的基本情感

布里吉斯认为，婴儿刚出生时以兴奋情绪为主，之后逐渐分化为愉快、不愉快及兴奋三种情绪，并在 2 岁左右逐渐发展出更丰富的情感。

路易斯的情感发展理论

布里吉斯的研究结果是在 1932 年发表的，距今已有相当长的时间。随着对新生儿研究的不断深入，如今人们普遍认为，婴儿在出生后 6 ~ 8 个月内就已具备了所有基本情感，这比布里吉斯理论中提及的时间早了很多。学者路易斯在研究中阐明了婴儿的情感发展过程，具体如图 2–2 所示。路易斯指出，婴儿的情感主要表现为满足、兴趣和痛苦这三类。例如，痛苦主要与生理上的不适，如饥饿、困倦等情况有关，婴儿会通过哭泣来表达这种情感。出生后 2 个月左右，婴儿还会出现悲伤的情绪。

悲伤和厌恶的情绪出现得比较早，而愤怒的情绪则稍晚才开始萌芽。恐惧的情绪，则是在婴儿 6 ~ 7 个月左右出现明显的认生现象时才表现出来，这也标志着婴儿与养育者之间的依恋关系开始形成。

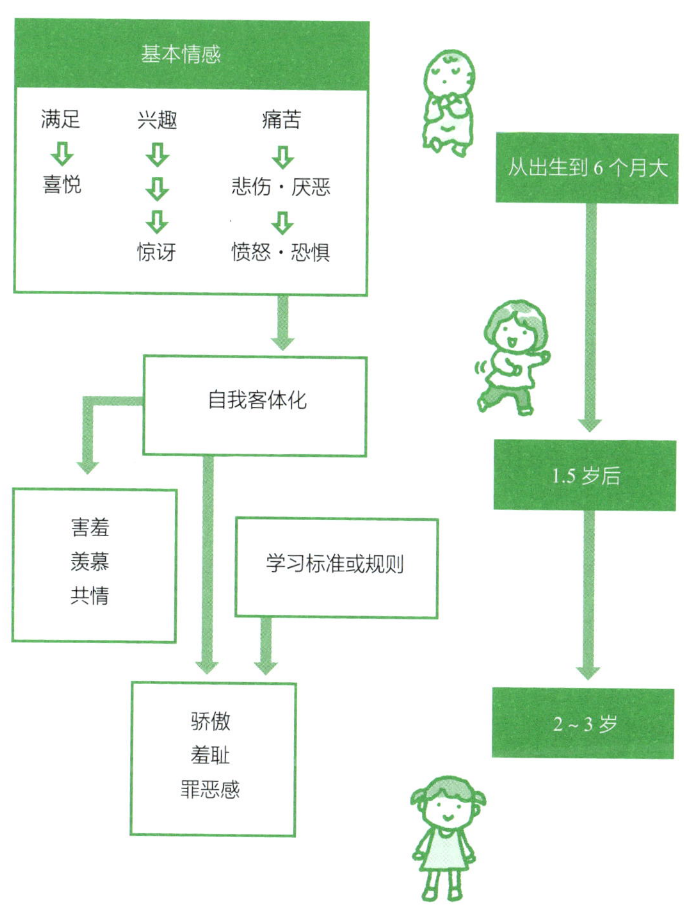

图 2-2　3 岁以前的情感发展过程

与此相对，愉快的情绪在较早的阶段就出现了。婴儿一开始感到的愉快，通常是在喝完母乳或生理需求得到满足时所获得的满足感。这时，他们的情感往往通过微笑展现出来，尤其是在睡觉的时候。这种微笑反映了婴儿当下的生理状态，因此也被称为生理性微笑。

到了大约 3 个月大时，婴儿逐渐能够根据不同的情境来表达喜悦之情，进而发展出社会性微笑。从这个阶段开始，婴儿在与大人互动时，会用带着笑意的眼神回应，并且会对熟悉的人（一般是父母）露出特别的微笑。到了 4 个月左右，婴儿可以张大嘴，发出咯咯的笑声。婴儿的微笑可以看作他开始主动表达情感、与外界进行互动的一种方式。

到 6 个月大时，婴儿的基本情感（如喜悦、悲伤、厌恶、愤怒、恐惧、惊讶等）已经发展成熟。当然，要促进这些情感的形成和发展，我们需要重视孩子认知能力的提升，以及亲子依恋关系的建立和发展。大约在 1.5 岁之后，婴儿开始发展出害羞、共情和羡慕等新的情感。

当孩子长到 2.5 ~ 3 岁时，他会表现出骄傲、羞耻和罪恶感等情感。随着孩子善恶判断能力的提升，他会开始产生“做错事不好”这样的情感反应。当然，这需要以孩子自我意识发展顺利为前提，这样他才能体验到“我很高兴”或“我很难过”等情感。在这一阶段，需要大人察觉并理解孩子表现出来的情感，从而给予积极的回应。这对于促进孩子的情感发展至关重要。例如，大人可以使用如“玩具被抢走了你很难过，是吗”“你可以自己去上厕所了，真是太厉害了”这样的话语来与孩子沟通，通过这样的方式来帮助他认识并处理自己的情绪。

婴儿如何学习语言

婴儿哭声有多种类型——说话的准备阶段

刚出生的婴儿，其发出的第一声啼哭被称为“初啼”。当母亲听到婴儿健康的啼哭声时，因长时间分娩而积累的疲劳似乎也会瞬间消散。初啼意味着婴儿不再通过胎盘换气，而是开始进行自主呼吸。

哭是婴儿唯一的表达方式，而这种哭声也可以分为几种类型。沃尔茨将婴儿的哭声分为以下三种类型。

- 饥饿的哭声。这种哭声呈现出有规律的节奏波动。在婴儿出生后的 2 ~ 3 个月，随着他们逐渐能够控制嘴巴，此时的哭声可以保持一定的音高。
- 猛烈的哭声。这种哭声较为激烈，有的母亲甚至会觉得此时婴儿在生气。
- 痛苦的哭声。这种哭声会突然爆发，持续 4 ~ 5 秒后短暂停止，然后再次大哭。例如，接种疫苗时婴儿发出的哭声，就是这种痛苦的哭声。

随着婴儿的成长，他的哭声也会发生变化，哭声中渐渐开始表达出更多的心理情感。不同类型的哭声有着不同的音质，表达着婴儿不同的情绪或需求。此外，即使是 6 个月大的婴儿，也能够灵活运用 200 ~ 600 赫兹（大约 1 个半八度音域）范围内的音域来啼哭。由此可见，婴儿通过哭泣这种方式，为日后学习说话奠定了基础。

婴儿的咿呀声中包含着世界上各种语言的基本元素

虽然婴儿通常在 1 岁左右才能说出有意义的词语，但其实在更早的时候，他们已经在“说话”了。这里所说的“说话”是指婴儿 6 个月大的时候，开始发出的“吧吧”“嗒嗒”等声音，这被称为咿呀学语。研究表明，无论在世界上的哪个地方，婴儿出现咿呀学语的时间阶段几乎是相同的，而且他们发出的声音中包含的辅音及种类也大致相仿（如 h、d、b、m、t、s、w、n、k，这些辅音约占 80%）。也就是说，婴儿的这些咿呀声中包含了世界各地语言的基本元素。

幼儿发音的主要特点

有时，幼儿会把“哥哥”说成“多多”，把“汽车”说成“汽突”等等，这种发音有时连成人都很难模仿。这其实是幼儿学说话过程中的一个阶段，也叫作“幼儿音”或“幼儿错误发音”。80% 以上 2 岁的孩子都会经历幼儿音阶段，不过到小学二年级左右，幼儿音就会自然消失。

此外，幼儿还会使用一些特有的表达方式，我们称之为“幼儿语”，比如：

1. 单个音节重复的表达。例如，手手、脚脚、肚肚、水水、球球等。

2. 喜欢用拟声词、拟态词。例如，汪汪、嘟嘟、啾啾等。

3. 添加接头辞“小”，使表达更柔和。例如，小手手、小脚脚、小肚肚、小鸭鸭等。

4. 拟人化的表达。例如，太阳公公、月亮婆婆等。

这些幼儿语可以看作从婴儿期咿呀学语到成人语言之间的过渡阶段。

肢体动作不同，咿呀声也不同

婴儿在进入咿呀学语阶段（指婴儿发出一种无意义、重复的声音或音节的时期）时，肢体活动也会变得更加活跃。许多研究者注意到，婴儿在进行踢脚、上下移动腿、握住物品并摆动等有节奏的运动，且连续做三次以上时，就会发出咿呀声。

戴维斯与麦克内尔指出，婴儿通过有节奏的上下颚运动，可以反复发出音节，形成咿呀声。此外，日本学者江尻通过对五名婴儿的追踪观察，发现婴儿在 6 ~ 11 个月大时，单纯的上下摆手的动作随着咿呀声的出现而减少，而摇晃玩具发出声音的动作，随着咿呀声的出现而有所增加。这表明有节奏的运动与咿呀语之间存在一定的关联。

婴儿也渴望交流

母亲们常常为育儿琐事而忙碌，因而很容易忽视与婴儿的互动。由于婴儿通常会安安静静地独自待着，这可能会让人误以为婴儿不需要关注与互动。但是，婴儿其实是渴望与母亲交流的。在咿呀学语阶段，父母需要积极地与婴儿交流、互动，并对婴儿发出的咿呀声给予回应，这对孩子今后的语言发展至关重要。母亲与孩子之间积极的互动，对促进咿呀语阶段的顺利发展起着重要的作用。

当咿呀语阶段接近尾声时，孩子开始能够扶物站立，并能够说出像"爸爸""妈妈"这样有意义的词语，这标志着初语的出现。婴幼儿口语的发展过程如表 2–3 所示。

表 2–3　　婴幼儿口语的发展过程

	年龄段	特征
1. 预备期	出生后 5 个月到 1 岁左右	大约在 5 个月大时，婴儿开始发出像"吧—吧—吧"这样由辅音加元音构成的多个音节的标准咿呀语。约 70% 的婴儿在 8 个月之前开始发出标准咿呀语

续前表

	年龄段	特征
2. 片语期	1 ~ 1.5岁	初语出现的时期，幼儿用单个词语表达自己想说的话，也称为单词期。例如，根据情景和语调的不同，幼儿说出“妈妈”这个词时，可能是想表示我饿了，也可能在询问我能吃吗？在这一时期，“爸爸”“妈妈”是经常说的词语
3. 命名期	1.5 ~ 2岁	幼儿意识到每个物品都有名字，开始积极询问物品的名称。幼儿可用的词汇量不断增加，除了名词外，也开始使用动词和形容词。幼儿能够使用像“我的车”这样的两词句，词汇量大约为 300 个
4. 列举期	2 ~ 2.5岁	幼儿开始罗列自己知道的词汇来表达意思。通过使用虚词，能够区分现在、过去和将来时态。幼儿还会使用“从……”“做了……”等表达方式
5. 模仿期	2.5 ~ 3岁	幼儿开始使用连词和助词，开始模仿大人说话，开始说出“因为，所以”结构的句子。幼儿能够使用包含主句和从句的句子，此外，还会创造自己的词语。词汇量大约为 900 个
6. 成熟期	3 ~ 4 岁	幼儿的口语发展至成熟阶段，能够与大人自由交流，日常生活中基本不会遇到语言障碍。词汇量约为 1600 个
7. 流利期	4 ~ 5 岁	幼儿可以用学到的语言自由地与伙伴交流，幼儿语几乎消失。词汇量约为 2000 个
8. 适应期	5 ~ 6 岁	幼儿能够根据谈话对象改变话题或提问方式。词汇量约为 2400 ~ 2500 个

亲子之间亲密关系的确立——依恋

二元动因论

为什么孩子都那么喜欢妈妈，只要看不见妈妈就会哭呢？在发展心理学领域，研究者们提出了几种理论来解释这一现象。

首先，斯坦福大学的希尔斯提出了二元动因论，该理论旨在阐释父母与孩子之间情感纽带的形成机制。

二元动因论指出，婴儿的生理需求，诸如饥饿、口渴、寒冷、炎热等需求，属于一元动因。而当母亲在满足婴儿这些基本需求时，通常会表现出对孩子的爱意和安抚。婴儿在生理不适得到缓解的同时，不断地接收到母亲的爱意，久而久之，婴儿就不再单纯满足于生理需求，同时还渴望母亲的爱与关怀，这便是二元动因。

也就是说，正是因为母亲能够满足婴儿的生理需求（即一元动因），才使得婴儿对母亲产生了强烈的情感依恋（即二元动因）。

印刻理论

诺贝尔奖得主、奥地利动物学家洛伦茨对二元动因论持有不同观点，他提出的是印刻理论。洛伦茨在自然环境中对动物进行观察研究时，发现了一个十分有趣的现象：鸡、鸭、鹅等鸟类的雏鸟在孵化出来后，很快就能睁开眼睛并开始行走。这类雏鸟在出生后的一段时间内，通常在 24 小时内，会表现出紧紧追随或依附母鸟的行为。

这种反应称为印刻或印记现象。洛伦茨进一步思考并将观察拓展到人类身上，发现人类在早期发育过程中也存在类似的敏感时期。在这个时期，婴儿会对母亲产生强烈的依恋，从而形成亲子之间的情感纽带。

触觉愉悦论

学者哈洛也对二元动因论持有不同意见，他提出了触觉愉悦论。哈洛认为，婴儿对母亲的依恋，主要源于与母亲身体的亲密接触，也就是皮肤接触。母亲的温暖可以缓解婴儿的焦虑情绪，进而形成亲子之间的依恋关系。

哈洛设计了一个特别的实验，用于观察红毛猩猩幼崽的行为。他先在猩猩幼崽的笼子里放了两只玩具母猩猩。其中一只是有头部、表面有金属丝缠绕的木制圆柱状的母猩猩。这只母猩猩身体倾斜 45 度，带有奶瓶，可以提供奶水。另一只是同样带有头部、身体则用天鹅绒布包裹的母猩猩。第二只母猩猩看起来更为柔软和温暖。结果发现，猩猩幼崽大部分时间都会紧抱着布制的玩具母猩猩，只有在喝奶时才会靠近用铁丝做的玩具母猩猩。并且，猩猩幼崽在喝完奶后，又立即回到了布制母猩猩旁边。这个实验表明，猩猩幼崽更偏爱带有温暖、舒适感的布制母猩猩。由此，哈洛认为，人类的亲子依恋也同样来源于身体亲密接触所带来的温暖。

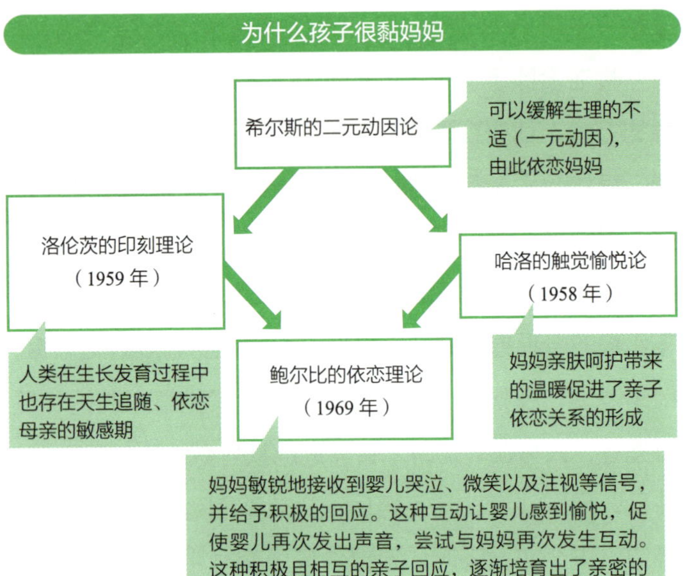

鲍尔比的依恋理论

在众多理论中，英国儿科医生鲍尔比于 1969 年提出的理论，成为现代依恋理论的基础。他把依恋定义为“人类自出生后数月内，与特定的一个人（通常是母亲或父亲）所建立的情感纽带”。

鲍尔比认为，婴儿会通过多种行为向母亲或父亲发出信号，例如在不愉快时哭泣、在高兴时微笑、在焦虑时注视父母亲等。父母亲如何接收和回应这些信号成为依恋关系形成的关键。此外，鲍尔比还指出，依恋关系的发展分为四个阶段，具体如表 2–4 所示。

表 2–4　　鲍尔比提出的依恋发展过程论

阶段	内容
第 1 阶段（8 ~ 12 周大）	对任何人都表现出相同的反应 出现微笑、注视、目光追随等反应
第 2 阶段（12 周到 6 个月大）	开始对特定的对象产生依恋 对特定的对象（母亲或父亲）表现出较多的微笑，频繁地发出咿呀声。对没有产生依恋的对象表现出怕生、羞怯等反应
第 3 阶段（6 个月到 3 岁）	对特定的对象产生依恋，总想和对方在一起 当看不见特定的对象（如母亲或父亲）时，会开始哭闹。当父母回来时，会高兴地靠近并寻求拥抱
第 4 阶段（从 3 岁开始）	即使与特定的对象分开，内心也会与这个对象保持情感联结 内心与特定对象之间保持着相对稳定的情感联结，即使看不见对方，也不再哭闹

内在心智模式

鲍尔比的依恋理论还扩展到了对成人亲密关系的研究探讨范畴。他提出，儿童时期与父母建立的依恋关系，会内化形成一个心智模式（即 IWM）。这个心智模式对儿童成年后如何与他人交往有重要影响。

也就是说，早期的依恋关系将为个体日后的人际关系模式和情感反应模式奠定基础。

依恋也有不同类型

测试依恋类型的“陌生情境法”

为了探究父母与孩子之间的依恋关系，美国学者安斯沃斯设计了著名的“陌生情境法”，该方法用于评估儿童的依恋类型。对于幼小的孩子来说，陌生的地方、陌生的人、母亲不在等情境会让他们感受到很大的压力。在陌生情境实验室中，安斯沃斯设置了以下不同的情境，以此来观察孩子的反应。

八大实验场景

1. 母亲和孩子在房间里一起玩耍。
2. 陌生人进入房间。
3. 母亲离开房间，孩子与陌生人单独待在房间。
4. 母亲再次进入房间，陌生人离开。
5. 母亲再次离开，孩子独自一人留在房间。
6. 三分钟后，陌生人重新进入房间，尝试安抚孩子，随后离开。
7. 母亲再次返回房间，母子重聚，陌生人离开。
8. 母亲和孩子单独相处。

通过对上述实验结果的观察与分析，安斯沃斯将依恋分为三种类型：安全型、回避型和矛盾型。

最近的研究发现，还有一种依恋关系无法被归入到这三种类型中。梅因和所罗门将其命名为 D 型依恋（又称为混乱型依恋或失定型依恋）。在这种类型的依恋关系中，母亲往往有茫然不知所措、突然改变说话声音、情绪表情突变或漠视孩子等行为，而孩子则对此表现出恐惧和害怕等反应。研究表明，当母亲有施虐倾向时，孩子往往更容易形成 D 型依恋。

依恋的类型和儿童的行为特征

回避型（B 型）

即使母亲离开，孩子也不会哭闹；当母亲回来时，孩子没有表现出欢迎的行为，甚至会回避母亲

安全型（A 型）

当母亲在场时，孩子会主动地探索环境；当母亲离开时，孩子表现出焦虑和哭闹，探索行为减少；当母亲再次回来时，孩子表现出愉悦，随即重新开始探索环境

矛盾型（C 型）

孩子有较强的不安情绪，常常紧紧依附在母亲身边，不愿意进行太多的探索。当母亲与孩子分开时，孩子会剧烈哭闹；而当母亲和孩子重聚时，孩子则表现出愤怒或抗拒。也就是说，孩子一方面极度依赖母亲，另一方面又会在行为上表现出抗拒的态度

混乱型（D 型）

孩子在靠近母亲的时候，会将脸部转向一侧，表现出回避行为。其行为不自然且僵硬，并时常表现出恐惧或不安的情绪状态

养育者对孩子态度的特点

A 型依恋关系的养育者能够积极地回应孩子发出的信号

B 型和 C 型依恋关系的养育者对孩子发出的信号反应迟缓，甚至常常忽视这些信号

D 型依恋关系的养育者情绪波动较大，表情也时常变化无常

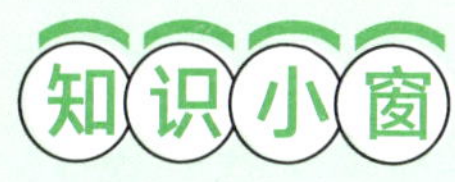

烟酒对胎儿的影响

在妊娠期间，若母体长时间大量地摄入酒精，这些酒精会经由胎盘，对腹中的胎儿产生多种不良影响。因为胎儿的肝脏器官尚未完全发育，无法分解母体所摄入的酒精。

如果母体长期饮酒，很可能导致胎儿出现中枢神经系统异常等一系列症状。这种病症被称为胎儿酒精综合征（fetal alcohol syndrome，FAS）。患有 FAS 的孩子通常表现出以下三种发育障碍：（1）身体发育障碍，如体重、身高、头围等发育迟缓；（2）面部特征异常，如小头畸形、小眼裂、薄上唇、上颌部平坦；（3）中枢神经系统障碍，如智力障碍、发育迟缓、神经系统功能异常。

与饮酒的影响类似，如果母体在怀孕期间长期吸烟也会对胎儿产生不良影响。研究表明，孕期吸烟的孕妇生下低出生体重儿的概率是不吸烟孕妇的 2 ~ 4 倍。此外，香烟中的有害物质会影响胎儿大脑的中枢神经系统，增加婴幼儿猝死的风险。

或许有些人认为，偶尔抽烟或喝酒并无大碍，但实际上这很可能给即将出生的孩子带来无法逆转的伤害。因此，一旦确认怀孕，应尽可能做到戒酒、戒烟。

第3章

幼儿期的发展

本章主要探讨幼儿期的身体发育和情绪发展过程。

幼儿的手脚发育

手部的发育

儿童从出生到能够熟练使用筷子需要经过相当长的时间。这是因为儿童在能够熟练使用勺子和筷子之前，必须经历一定的发展过程。

首先，抓握的第一步是新生儿的抓握反射。但由于这是一种原始反射，出生 4 个月左右就会消失，随后变为主动抓取，这种主动抓取被称为手眼协调。手眼协调指的是幼儿能够感知物体与手之间的距离，并根据物体的位置伸展手臂进行抓取。只有同时具备手眼协调能力和手指肌肉功能，幼儿才能够完成抓取物体的动作。哈普森观察并详细描绘了婴儿抓取积木的发展过程。

此外，对于幼儿来说，长度约为其手掌宽度三倍的筷子是比较适宜的选择。另外，塑料材质过于光滑不易抓握，竹制或木制的筷子更为合适。筷子是人们饮食生活中不可或缺的餐具，但对于幼儿来说，使用筷子却是一件难度很大的事，很难在短时间内熟练掌握。如果每次吃饭的时候，孩子都被纠正说“筷子拿法不对，赶紧改正”，那他们可能连饭都不愿意吃了。因此，当孩子有进步时，父母应多多给予鼓励和表扬，以温暖的陪伴助力孩子健康成长。

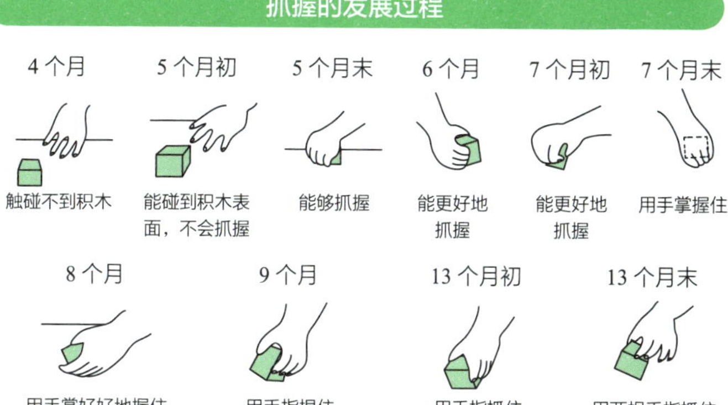

惯用手的形成

一般而言，人们认为惯用手是遗传因素与环境因素交互作用的结果。调查显示，无论身处哪个国家、属于哪个民族，左撇子在人口中的比例大致都为10%。

通常，在七八岁之后惯用手才会固定下来。在此之前，即便一个孩子经常使用左手，也并不意味着他一定是左撇子。如果想要改变左撇子的习惯，通常建议从幼儿期开始进行引导，因为这个阶段的孩子更容易形成新的习惯。

然而，父母在进行相关引导时，需要充分考虑儿童的心理压力，以确保引导过程不会给孩子的心理健康带来不良影响。

足部的发育

婴儿的足部小巧且柔软。与成年人相比，婴儿的脚趾在整个足部中所占比例较大，脚跟所占比例则较小。随着婴儿逐渐长大，脚跟会慢慢变长。也正因如此，婴儿的脚趾握力较强，是成人脚趾握力的 10 ~ 15 倍。

新生儿的足部非常柔软，这主要是因为其足部大多由软骨组成，软骨外部包裹着肌肉。但是，随着年龄的增长，软骨会逐渐积累钙质并发生骨化，形成骨骼。

实际上，幼儿足部的骨骼数量比成年人多。例如，成年人的脚拇趾有两块骨头，而幼儿的脚拇趾有四块骨头。骨化不仅可以将软骨转化为骨骼，或生成新的骨骼，还可以促进骨骼生长，或者使骨骼之间相互结合，让两块小骨融合成一块完整的骨骼。骨骼的融合过程主要发生在 4 ~ 13 岁，而骨化过程完全结束则要到 18 岁左右。

日本学者大谷在研究报告中指出，婴幼儿的脚在 0 ~ 3 岁期间会有明显的变化：出生后 5 个月到 2 岁之间大约增长 20 毫米，在 2 ~ 3 岁这一年之间大约增长 14 毫米。随着足部的生长发育，婴幼儿的活动能力也逐渐提高。0 ~ 1 岁时，婴儿能够爬行和扶站；满 1 岁时，虽然还不太稳，但幼儿已经开始尝试行走；1.5 ~ 3.5 岁时，幼儿逐渐能够稳定地行走；4.5 ~ 6 岁时，幼儿能够完成各种动作，如灵活地跑动或转圈等。实际上，这些脚部运动主要是在足弓的支撑下完成的。然而，足弓发育不充分的儿童数量似乎在日益增多。

足弓发育不良的儿童

足弓，学名足底弓盖，是一种由骨骼、关节、肌肉、韧带等共同构成的功能性结构。这种结构是人类特有的，其他动物并不具备。在出生时，大部分婴儿的足部为扁平足状态。随着发育和成长，双脚逐渐能够站立并开始行走。开始行走后，脚底的脂肪逐渐减少，筋膜、韧带和肌肉得到强化，从而固定足部骨骼，并拉升舟骨，最终形成足弓。日本学者野田指出，足弓具有以下四大功能。

- 缓冲作用：在跳跃或落地时减轻冲击力。
- 保护作用：保护足部免受外界伤害。
- 提高步行效率：增强步行时脚部的活动幅度，提高效率。
- 保持平衡：站立时帮助支撑身体，维持身体平衡。

足弓的形成

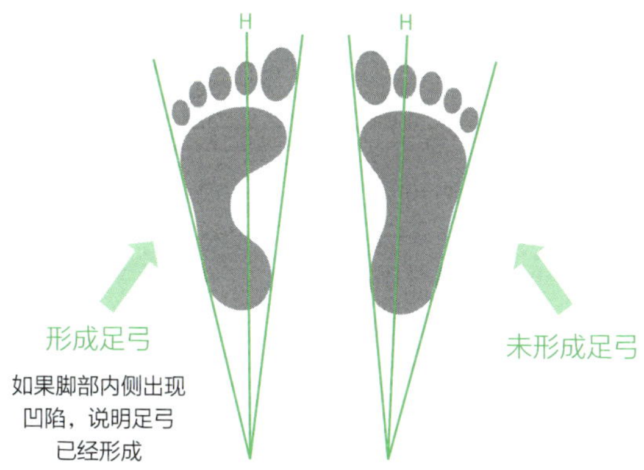

为什么有的孩子不抱着毛毯或玩偶便无法入睡

依恋的物品或行为偏好

很多婴幼儿如果不抱着他们喜欢的小熊毛绒玩偶，或是脏兮兮、黑乎乎的小毛毯或枕头，就无法入睡。你小时候是否也有过类似的宝贝呢？

日本学者黑川曾对近300名2～5岁儿童的母亲展开调查。根据调查结果，儿童的依恋物品或行为偏好主要分为以下几类：首先，最常见的是吮指、咬指甲、吸舌头等与口相关的习惯，这类习惯的占比为38.9%；其次是对毛巾、毛毯、玩偶等特定物品的依恋，占比为33.4%；最后还有摸母亲耳朵、头发、手臂或肘部等触摸母亲身体的习惯，占比为27.7%。

儿童迷恋某些物品，或在睡觉时保持特定的习惯偏好，这些情况并不罕见，因为这些行为背后蕴含着一定的发展心理学意义。

过渡性客体是儿童身心成长的象征

正如温尼科特所指出的，独处能力的养成对儿童的成长至关重要。

过渡性现象标志着儿童开始意识到自己与母亲并非一个整体。因此，哪怕孩子心爱的毛毯或玩偶已经变黑变脏，父母也不要强行拿走，只有温柔地陪伴和支持他们的成长，才能帮助孩子更好地度过这一阶段。

美国经典卡通形象史努比，在故事中出现时总是拖着毛巾吮着手指。从发展心理学的角度来看，史努比的这种行为和儿童经历过渡性现象是一样的。

过渡性现象——儿童的注意力从以自我为中心过渡到外部世界

英国儿童精神科医生温尼科特提出了“过渡性现象”这一概念，用于阐释儿童对物品的依恋行为或特定行为偏好的产生机制。温尼科特指出，2 ~ 3 个月大的婴儿通常会吸吮自己的拳头或手指。到了 4 个月左右，婴儿开始对外界事物产生兴趣，例如会紧紧抓住枕套或毛毯边缘、或将玩偶或毛绒玩具当作陪伴物品。

儿童的这种注意力从以自我为中心过渡到外部世界的现象被称为“过渡性现象”，而这些外部物品则被称为“过渡性客体”。温尼科特认为，过渡性客体是母亲的替代品，能够给予孩子一种与母亲相似的安全感和一体感。

相关调查显示，大约 30% 的日本儿童曾出现过渡性现象，这一比例相较于欧美国家要低一些。这可能与日本特有的育儿习惯有关。在日本，母亲与孩子同睡的习惯由来已久，这种亲密的陪伴能让孩子在较长时间内保持与母亲的一体感，从而减少了对过渡性客体的需求。

幼儿的自我认识始于何时

1 周岁后自我意识开始萌芽

3 ~ 4 个月大的婴儿似乎还不懂镜子里的形象就是自己。他们误以为镜子里的人是另一个人，因而可能会拍打镜子，或把脸贴在镜子上观察。但是，当幼儿满 1 周岁时，他们就能够认识到镜子里的形象并非真实存在的实体。大约到了 1.5 岁时，幼儿能意识到镜子里的形象就是自己。有一个经典的实验，叫作标记测试，也叫作红点实验，可以验证幼儿在这方面认知的变化。

这个实验是这样进行的：在婴儿睡觉的时候，在他们的脸颊或鼻子上涂上口红，然后等婴儿睡醒后，带他们去照镜子。如果婴儿想要触摸自己脸上涂有口红的地方，表示他们开始有了自我意识，意识到镜子里的形象是自己。如果他们没有做出想要触摸的举动，则说明他们此时还没有形成这种自我认知。

自我认知是在与他人的互动中习得的

研究显示，黑猩猩与狗或猫不同，它们能够认识到镜子里的形象是自己。然而，那些在被隔离的环境中长大的黑猩猩，似乎无法形成对自我的认知。面对镜子里的自己，它们会感到愤怒或恐惧。由此可见，自我认知不是与生俱来的能力，而是在与他人的互动中逐渐习得的。

自我认知的开始

3～4 个月大的婴儿还无法认出镜子里的自己。然而，当他们长到 1.5 岁之后，便可以逐渐意识到镜子中的形象就是自己

表达反抗说明幼儿的心理在成长

2～3 岁的孩子常常喜欢和妈妈对着干。例如，妈妈说“该去洗澡了”，孩子会说“不要”。如果妈妈说“我要关电视了”，孩子会说“不行”。这让很多父母感到头疼。

其实，这种反抗行为是这个年龄段孩子的特征，这一阶段被称为“第一反抗期”。

孩子之所以会出现反抗期，是因为他们开始逐渐意识到自己和妈妈是两个不同的个体。这在心理学上被称为“自我意识的萌芽”时期。孩子开始对父母的指示提出异议，表达自己的观点，这其实是他们成长过程中的非常重要的一步。因此，我们应该为孩子们能够独立表达自己的想法感到高兴，而不应仅仅将他们看作任性、令人头疼的存在。

自尊心的形成与发展

随着孩子逐渐意识到自己和父母是不同的个体，他们的注意力会逐渐转移到关注自身的优缺点上，并且开始和周围的小伙伴进行比较。我们将这种情感称为自尊心。然而，在这个阶段，孩子的自尊心还很脆弱，父母不经意间的一句话，就很容易对其造成影响。例如，如果妈妈说“你画得可比某某某差远了”，孩子可能就会认为“妈妈说得对，我真是没用的孩子”。

因此，从小帮助孩子建立良好的自尊心是非常重要的，要让孩子能够由衷地产生“我就是我，我很好”这样的自我认知。

自主力和自制力的发展

能够坚定地表达自己的想法是非常重要的，但如果过于注重自我表达，也可能会破坏亲友关系。因此，孩子需要学会控制自己的行为，这种能力就是自制力。

自制力体现在诸多方面，比如在游乐场所玩耍时能够排队、耐心等待，看到想要的玩具时能够忍住不买。但遗憾的是，如今越来越多的孩子，其自制力正在急剧减弱。

造成这一现象的原因在于，受少子化的影响，父母常常忍不住帮助孩子，剥夺了孩子自立的机会，或者总是立刻满足他的要求。渐渐地，孩子便形成了这样的观念：认为无须忍耐，反正父母会听他的话，给他买想要的东西。

心理学家普洛克用“失控制”和“超控制”这对概念来解释过于宽松和过于严格这两种管教方式。作为父母，在养育孩子时最好的做法是找到两者之间的平衡，既不过于宽松，也不过于严格。

下面是一个简单的育儿方式测试，希望能帮助你回顾和反思自己平日里管教孩子的方式是否得当。

育儿方式测试

平时你是如何对待孩子的呢？

请从以下四个选项中选择最符合你的情况的编号，并将其填写在□内。

1：完全不符合　　2：不太符合　　3：比较符合　　4：非常符合

超控制项目

1. 经常会用命令式语气对孩子说“快去做”。□
2. 让孩子做某件事时，经常不说明理由直接让他去做。□
3. 不接受孩子的辩解。□
4. 坚持不给孩子提供你觉得对他没有好处的东西（如玩具）。□
5. 训斥孩子时，经常打孩子。□
6. 孩子觉得“妈妈很可怕”。□
7. 经常对孩子说“不行”“不可以这样”，禁止他们做这做那。□
8. 经常给孩子各种指示。□

总得分：________

失控制项目

1. 让孩子随便看电视或视频。□
2. 孩子的就寝时间每天不同。□
3. 对孩子剩饭的行为不加以指正。□
4. 孩子捣乱或做错事时，经常觉得“算了吧”，没有批评孩子。□
5. 孩子不喜欢的事情不会强迫他去做。□
6. 孩子想要的东西常常忍不住就给他买了。□
7. 常常优先满足孩子想做的事情和想要的东西。□
8. 对于孩子的某些要求虽然觉得过于任性，但还是尽量满足。□

总得分：________

如果超控制项目得分在 21 分以上，说明你在管教方面过于严格。如果失控制项目得分在 25 分以上，则意味着你存在过于溺爱的情况。

幼儿的认知能力是如何发展的

皮亚杰的儿童认知发展阶段理论

皮亚杰于 1896 年出生于瑞士，10 岁时便在自然科学杂志上发表了关于白化症麻雀的论文，并于 1918 年 22 岁时凭借关于软体动物研究的论文获得了博士学位。皮亚杰对儿童认知发展过程进行了系统性的研究，取得了一系列的研究成果，为发展心理学领域的发展做出了巨大贡献。

具体而言，皮亚杰提出的认知发展阶段理论由四阶段构成。其中，前运算阶段的自我中心性、泛灵论和缺乏守恒概念等特点，准确地描述了幼儿期儿童的认知特征。父母和教师如果能够深入了解和掌握皮亚杰的理论，那么和孩子相处起来会更加融洽。

皮亚杰的认知发展阶段理论（1936 年）

感觉运动阶段（0 ~ 2 岁）

- 通过原始反射与外界互动，例如利用口唇探索反射来吸奶
- 通过试错方式重复简单动作，进而逐渐形成循环反应，慢慢地能够将两个动作相结合，从而更流畅地达成目标

前运算阶段（2 ~ 7 岁）

- 只能从自身的视角去理解事物，无法理解他人的想法，以自己作为认知世界的基准（也就是自我中心性）
- 这个阶段主要依靠图像进行思考，并且认为无生命体也有生命（泛灵论）
- 缺乏守恒概念，容易受外观的影响，难以进行逻辑性思考

具体运算阶段（7 ~ 11 岁）

- 开始建立守恒概念，不再仅仅凭借表象思考，而是可以基于逻辑进行思考，并且能够理解复杂的关系
- 能够对事物进行归类，从而形成整体认知。例如，能够明白斗牛犬、泰迪犬、秋田犬等都属于“狗”这一类别

形式运算阶段（11 岁 ~ 成人）

- 即使面对抽象的概念，也能够通过提出假设，进行系统的推理分析，用逻辑思维来思考问题

守恒实验

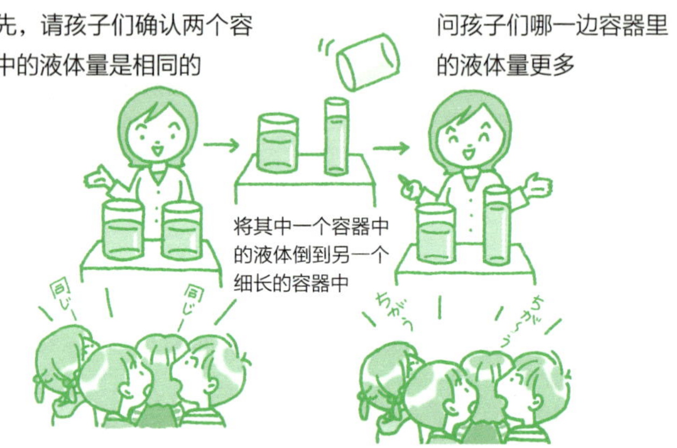

2～7 岁的儿童会根据容器外形来判断并回答。皮亚杰解释说，这是因为这个年龄段的儿童还没有完全习得守恒的概念

恐惧是如何产生的

华生的小艾尔伯特恐惧条件反射实验

每个人害怕或讨厌的事物各不相同。例如，有些人怕鸟，但其实很可能他并不是从小就怕鸟。华生通过小

艾尔伯特恐惧条件反射实验，揭示了人们为何会对某个特定事物产生恐惧感的原因。

在实验中，研究者先向一个原本并不怕兔子的婴儿展示了兔子。随后，他每次展示兔子时，就发出铁锤敲击般的金属噪音。不断重复这样的操作后，婴儿只要看到兔子就会逃跑或大哭。更糟糕的是，他甚至看到白色的狗或留着白胡子的人也会大哭起来。

通过这个实验，华生得出结论，恐惧等情感是通过学习植入的，人的情感是由环境塑造的。

由此可知，那些怕鸟、怕狗或怕猫的人，很可能是因为他们在童年时有过可怕的经历，或者是因为父母讨厌这些事物而受到了负面影响，从而在心理上形成了厌恶感或恐惧感。

在这个实验中，小艾尔伯特被彻底植入了对兔子以及白色物体的恐惧感，他后来怎么样了，我们不得而知。如今，由于伦理规范问题，这样的实验已被严格禁止。

华生的小艾尔伯特恐惧条件反射实验

向九个月大的小艾尔伯特展示兔子

当小艾尔伯特想要触摸兔子时，便敲击铁锤，制造巨大的噪音，吓唬小艾尔伯特

多次重复这个操作

小艾尔伯特被吓哭了

小艾尔伯特变得只要看到兔子就感到害怕

幼儿从何时开始能够理解他人的情感

从“自我 – 客体”到“自我 – 他人 – 客体”

当幼儿开始能够推测他人的感受，例如“如果你吃掉小伙伴的零食，小伙伴会怎么样”，说明幼儿的心理在成长。这种理解他人内心的能力非常重要。心智理论便是用于阐释理解他人的机制的理论。幼儿一般是在 4 岁左右开始能够理解他人，但在此之前，需要经历一系列重要的心智发育过程。接下来，让我们来看一看这一发展过程。

刚出生不久的婴儿，已经对人脸和视线显示出极大的兴趣。到了 9 ~ 10 个月大时，婴儿开始从“自我 – 他人”或“自我 – 客体”简单的二元关系，逐步发展为“自我 – 他人 – 客体”复杂的三元关系。

例如，当母亲发现一只大黑狗并注视它时，婴儿能够跟随母亲的视线注视黑狗。反之，当婴儿对某个东西感兴趣时，也会用手指着它来告诉母亲。

有时，婴儿会用手指向自己够不着的东西，以此来示意大人帮忙拿取。

通过这些方式，儿童学会追随他人的视线或手指示意，与他人一起关注某个事物，这就是共同注意。这种三元关系的形成标志着儿童能够意识到，他人可能对不同的事物感兴趣。随着三元关系的发展，儿童逐渐能够理解他人的兴趣和关注点。这为理解他人内心能力的养成奠定了重要的基础。

三元关系

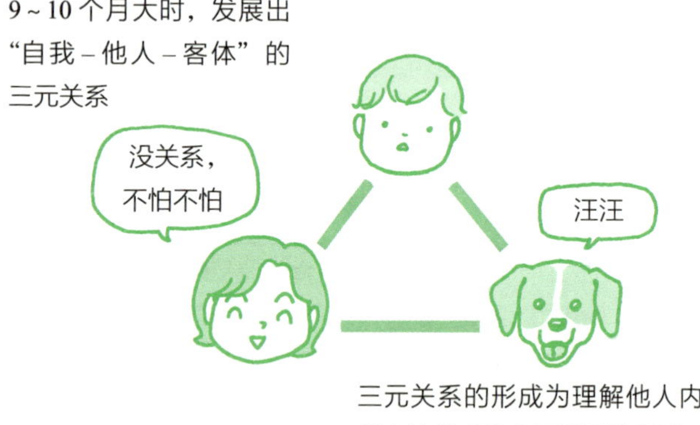

幼儿两岁时想象力开始萌芽

幼儿大约在两岁时开始发展出想象力。例如，他会模仿汽车喇叭发出“嘟嘟嘟”的声音，玩耍时会用积木假装汽车或火车。这时，幼儿会根据之前坐火车或坐家里汽车的经验进行联想，一边想象一边玩。

这种把积木当作汽车玩的行为活动称为“象征性游戏”或“假装游戏”。象征能力是紧随在手指示意行为之后发展出来的，也是心智发展的一个重要基础。能够将一种事物想象成另一种事物，这意味着儿童可以进入非现实的虚拟世界。因为，儿童已经能够在脑海中创造形象，想象出另一个世界。

心智理论——四岁开始能够理解“错误信念”

大约在四岁时，幼儿开始能够理解他人会持有与现实不同的信念，也就是错误信念，并且会基于错误信念采取相应的行动。有一个用于测试幼儿是否具备理解错误信念的能力的经典实验。实验内容如下：

先跟孩子讲述一个故事：“萨莉把巧克力放在篮子

里，当萨莉离开时，安把篮子里的巧克力移到了玩具箱里”。然后问孩子，“萨莉回来后想吃巧克力，她会到哪里找巧克力呢？”孩子需要判断，萨莉会去篮子里还是去玩具箱里找巧克力。

由于萨莉并不知道巧克力已经从篮子里被移到了玩具箱里，所以正确答案是“萨莉会去篮子里找巧克力”。也就是说，如果孩子能理解萨莉持有与现实（巧克力已在玩具箱里）不同的错误信念（巧克力在篮子里），就能正确回答这个问题。研究表明，大约从四岁开始，幼儿逐渐能够理解他人的想法与行为。

但是，三岁左右的幼儿还无法理解错误信念，到了四岁这种能力才会逐渐发展起来。此外，研究还指出，理解错误信念能力的发展还受到兄弟姐妹人数、依恋的稳定性、语言能力等因素的影响。

错误信念理解实验

Q：你觉得萨莉会去哪里找巧克力呢

1. 萨莉把巧克力放在篮子里

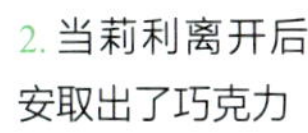

2. 当莉利离开后，安取出了巧克力

3. 安把巧克力移到了玩具箱里

4. 之后，萨莉回来了

大部分不满三岁的儿童会回答“萨莉会去玩具箱里找巧克力”。四岁及以上的儿童才会回答“萨莉会去篮子里找巧克力”。

幼儿为什么经常自言自语

自言自语的七种类型

幼儿经常一个人自言自语。例如，自己一个人一边玩一边唱歌，或者一边画画一边说自己画的是什么。那么，他们究竟在说些什么呢？日本学者岩渊和村石将自言自语分为七种类型。

自言自语的七种类型

1. 唱歌
坐在桌子前边画火车。
例：哐哐哐、嘭嘭嘭

2. 拟声
让电车或汽车跑起来。
例：呜呜呜、咔嗒咔嗒

3. 对话
玩打电话游戏。例：喂喂，妈妈吗？我是小优

4. 独白
交通工具。例：刚才发生了一件大事。隔壁的小圭被警车带走了……

5. 感想
被母亲责骂后。例：文也被妈妈打屁股了，好痛好痛，好生气

6. 思考
一边画画，一边说：这是小优尿尿的厕所

7. 其他
过家家。例：今天的点心是竹轮蛋糕

内部语言和外部语言

语言不仅是沟通的工具，也是个体在思考或调整行为时经常借助的工具。

用来对外沟通交流的语言称为外部语言，而在思考时的自问自答或在心中默默思考时所用的语言称为内部语言。

大约在三岁时，幼儿不但可以使用外部语言，也开始逐渐学会使用内部语言。自言自语就是内部语言学习过程的一种表现。

皮亚杰与维果茨基的争论

关于幼儿为何常常自言自语这一问题，皮亚杰和维果茨基之间有过著名的争论。

皮亚杰认为，除了为了与他人交流而进行的社会性语言活动外，还有一种非社会性的语言活动。他认为，这种非社会性的语言活动反映了幼儿的自我中心性，并称其为自我中心语言（也被称为独语）。在幼儿期，语言活动以自我中心语言为主，但随着思维和语言活动逐渐社会化，到了小学阶段，自我中心语言会迅速减少。

然而，苏联学者维果茨基对这一现象有着不同的解释。他发现，幼儿在遇到困难或试图解决问题时，常常会自言自语，而且这种语言常以碎片化的方式呈现，像是自己在对自己说话。

也就是说，自我中心语言是幼儿在努力思考问题的过程中，没有完全内化的语言的原型。作为沟通工具，人类会逐渐掌握语言。到五六岁时，语言会分化为作为交流工具的外部语言和作为思考工具的内部语言。最后皮亚杰也接受了维果茨基的观点。

幼儿的游戏力及其发展

游戏促进幼儿的身心发展

大家还记得小时候都玩过什么游戏吗？

在日语里，“游戏”一词源于字典中的“悠”字，取其“悠闲”之意。悠闲意味着不受时间束缚、随心所欲地做自己喜欢的事情，这是游戏原本的初衷。可以说，游戏是幼儿生活的全部。在专心玩耍时，幼儿的快乐溢于言表。他们的脸上常常洋溢着纯真的笑容，这种笑容是成年人难以模仿的。

在幼儿期，幼儿能够通过游戏自然地习得生活中所需的大部分能力与素质，包括社交能力、自立能力、认知能力、运动能力和情感等。

例如，在与同龄伙伴相处时，幼儿会逐渐意识到自己在群体中应承担的角色和责任，并能理解遵守社会规则的重要性。通过和小伙伴们一起玩捉迷藏、尽情奔跑、跳绳等游戏，他们的手脚的运动机能会自然而然地得到发展。在自由游戏的过程中，幼儿拥有表达自我的机会，能够缓解挫折带来的负面情绪，同时还能体验充实所带来的快乐。总之，游戏有着神奇的力量，能够全面促进幼儿的成长和发展。

皮亚杰和帕顿的游戏分类

基于对 2 ~ 5 岁幼儿同伴关系发展情况的观察和研究，帕顿将游戏分为六种类型，分别是发呆、独自游戏、旁观者游戏、并行游戏、联合游戏和合作游戏，具体如表 3–1 所示。研究结果表明，在 2 ~ 3 岁时，幼儿通常进行独自游戏、旁观者游戏或并行游戏，而到了 4 ~ 5 岁时，联合游戏和合作游戏则大幅度增加。

表 3–1　　　　　　　　游戏的六种类型

发呆	这也是一种游戏，但看上去像是在发呆，什么也不做，只是盯着某种事物一直看
独自游戏	虽然旁边有小伙伴，但他们没有一起玩，而是分别玩耍。常见于 2.5 岁左右
旁观者游戏	大部分时间在看其他小伙伴玩游戏。偶尔也会和小伙伴交谈，但不会参与游戏。常见于 2.5 ~ 3 岁左右
并行游戏	多个孩子同时进行各自的游戏。即使他们在同一个空间里玩类似的游戏，也互不关注，每个孩子都只专注于自己的游戏
联合游戏	一种集体游戏，在小群体成员之间存在共同的行为表现、兴趣以及团队意识。群体中的成员会一起玩耍，也会互相借用玩具，不过在游戏中没有明显的角色分配或组织架构
合作游戏	小群体中存在着一定程度的组织化，具体表现为明确的角色分配、权力主从关系，且任务目标也十分清晰。在有规则的游戏中，玩家已经能够自觉地区分队友和对手

此外，皮亚杰提出的认知发展阶段理论指出，游戏会随着认知的发展而呈现出阶段性变化。他认为游戏主要分为三个阶段，即感知运动游戏、象征性游戏和规则游戏，如表 3–2 所示。

表 3–2　　游戏的三个阶段

第一阶段：感知运动游戏	指的是通过感官刺激或身体运动来开展的游戏。比如，婴儿会去舔身边的物品，或是玩按下按钮后会发出声音或弹跳出动物来的玩具等
第二阶段：象征性游戏	模仿、象征、角色扮演、想象、幻想等游戏。比如，玩过家家或超级英雄等角色扮演游戏。这一阶段是幼儿游戏发展的黄金时期
第三阶段：规则游戏	有规则的游戏。例如，玩捉迷藏或扑克牌等

角色扮演游戏有助于促进幼儿的心智发展

角色扮演游戏是皮亚杰提到的象征性游戏中的一种，可以说是最典型的一种儿童游戏。之所以这样说，是因为在角色扮演游戏中，幼儿的语言能力、认知能力、社交能力以及情感都能通过不同的方式得到展现和提升。

大约在 1.5 岁时，幼儿开始玩角色扮演游戏。这种游戏最初的表现形式为延迟模仿，也就是在一段时间后，重现他人曾做过的事情。

例如，女孩子模仿母亲化妆的样子，就是延迟模仿的体现。这表明幼儿已经能够在自己的脑海中想象事物。

在这个时期，男孩子可能会把积木或乐高当作汽车，开心地玩起“汽车嘟嘟嘟”的游戏。这是他们在想象和父母一起坐车出游，并将积木当作汽车重现了这一经历。

2.5 ~ 3 岁，开始发展故事性游戏

大约在 2.5 ~ 3 岁时，幼儿开始将象征性游戏与角色扮演游戏结合起来，在游戏中逐渐融入故事性内容。此时，幼儿会开展以家庭、幼儿园等为主题的角色扮演游戏。到了 5 岁左右，角色扮演游戏的内容更加丰富多样，幼儿不再局限于模仿现实生活，他们还可以基于想象的故事情节来进行游戏。

很多人可能都有过与小伙伴一起在草丛中建造秘密基地的经历。

通过角色扮演游戏，幼儿逐渐学会站在他人的立场上思考问题，这也是心智发展的一个重要过程。同时，在这个过程中，幼儿也学会了表达自己的观点。

玩具是促进幼儿创造力和社交能力发展的重要媒介

随着时代的发展，玩具也在不断地发生变化。在日语中，玩具的词源意为拿着玩的东西，后来才逐渐固定为玩具一词。

玩具可以分为：(1) 素材玩具或构建玩具，如土、水、积木、拼图等；(2) 定型玩具，一般是指以成品的形式在市面上销售的玩具；(3) 模仿玩具，如过家家玩具套装等；(4) 运输玩具，如卡车、手推车等；(5) 规则性玩具，如扑克牌等。

在幼儿的成长过程中，这些不同形式的玩具发挥着重要的作用。借助玩具，幼儿能够敞开心扉、结交朋友、发展身体机能，同时能够培养和提升幼儿的创造力和社交能力。

幼儿的绘画是如何发展变化的

最初描绘的母亲形象——头足人

小孩子画的画真是奇妙极了。当孩子把画送给你，指着画说“这是妈妈的手，这是妈妈的眼睛”时，你会发现他们的画与现实中的模样相差甚远。他们画的是头足人，画中用两个小圆圈代表眼睛，用一个小小的点代表鼻子，用一条横线代表嘴巴，而将这些元素包围起来的大圆圈则代表包括头部在内的整个身体。

为何会给太阳或花朵画上表情

幼儿期的儿童有一个特点，他们认为植物和动物与人类一样，是有生命、有感情的。皮亚杰将这种万物皆有灵的视角称为泛灵论。作为泛灵论的表现之一，儿童经常会给车、鱼等非人类的事物画上眼睛、鼻子，甚至还会画上笑脸。将非人类的事物描绘成人类的样子，这种表达手法称为拟人化。

四岁是幼儿绘画发展的黄金期

幼儿大约在四岁时，开始借助语言进行思考。他们会先在脑海里构建出图像，然后再开始作画。在这一阶段，幼儿的画充满了丰富的想象力，即使是大人也无法企及。因此，当孩子给你看他们的画作时，请务必给予积极的肯定。

幼儿的绘画发展过程

年龄	特点	图例
1~2 岁	涂鸦期（乱涂乱画） • 因手部活动留下的痕迹而偶然画出的线条	
2~3 岁	象征期（赋予意义） • 能连接线条，能画出闭合的圆形，能画出起点和终点 • 能够给自己的画赋予意义 例如：孩子指着画说："这是苹果"。这时如果妈妈说："看起来像面包啊"，孩子可能立马改变原先赋予的意义说："对对对，是面包"	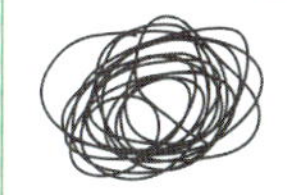
3 岁	前图式期 • 3.5 岁后，能先思考意义，再画画 • 能画出头足人 • 能给太阳画上表情，这是皮亚杰提出的泛灵论观点的体现	
4 岁	图式期（绘画黄金期） • 除了圆形之外，还能画出三角形、四边形等，图案逐渐丰富起来 • 能将脑海里想象的事物画出来 • 罗列表达：能在同一张纸上画很多不同的事物 • 共存表达：能将过去的事物和现在的事物画在同一张纸上	
5 岁	• 开始出现基准线，可以用线条区分上下左右，构建出不同的世界 • 只画自己感兴趣或关注的东西，并且按照自己所认知的样子来画	

幼儿是如何发展同伴关系的

通过同伴关系学习社交能力

到了上幼儿园的年龄，大部分幼儿便开始和同龄的小伙伴一起玩耍和生活。在相处过程中，难免会出现一些争吵和小冲突，但这些经历对于幼儿社交能力的发展而言，都是极为重要的。下面，我们来看看这个阶段的幼儿是如何发展同伴关系的。

日本学者松井对幼儿园幼儿自由游戏的场景进行了观察，他发现，3 岁的幼儿通常会采用间接的方式来吸引同伴的兴趣和关注。例如，他们邀请对方时，不会直接说“我们一起荡秋千吧”，而是会说“秋千空着呢”。但是，到了 4 ~ 5 岁时，幼儿则更倾向于直接表达自己的意愿。例如，他们会向同伴提出请求“让我也一起玩吧”，或者直接发出邀请说“我们一起玩吧”。

2 岁起，开始喜欢和小伙伴坐在一起

日本学者外山曾对幼儿园里 2 岁和 4 岁的幼儿用餐

场景进行了观察，分析了幼儿在选择与朋友就座时的行为表现。观察结果显示，无论是 2 岁还是 4 岁的幼儿，他们都更喜欢并排坐或者转角坐（这两种属于横向位置关系），而不喜欢面对面或斜对面的位置关系（这两种属于纵向位置关系）。此外，2 岁的幼儿很少主动要求特定的人坐在他们旁边。但到了 4 岁，幼儿会明确表达想要和谁坐在一起，还会积极努力地让对方坐在自己的旁边。

以下是一个具体场景。

老师："由美，这个座位（指和娜娜面对面的座位）是空着的，可以坐这里。"

由美："不行。我要坐在娜娜旁边。"

老师："好朋友也并不一定非得坐在一起吃饭呀。"

由美："不是的。好朋友就是要坐在一起吃饭的。"

对于这一现象，外山解释称，对 4 岁的幼儿来说，并排坐在一起享用午餐是表达友情的一种方式。

幼儿园座位位置示例图

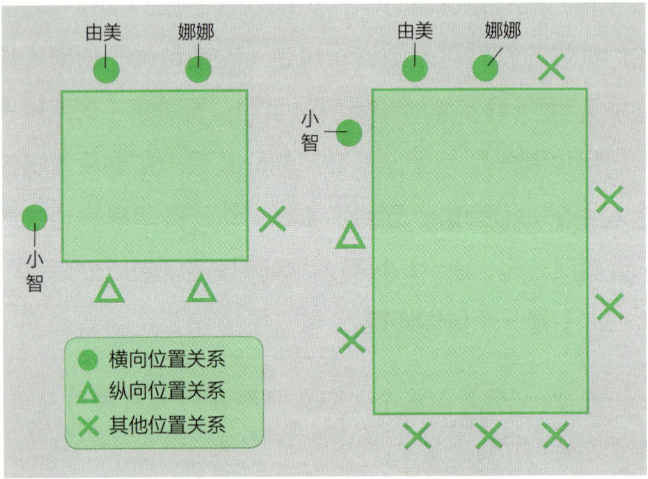

由美 娜娜 小智

● 横向位置关系
△ 纵向位置关系
× 其他位置关系

如何解决争吵

孩子们在一起玩耍时，争抢吵架是常有的事。有时吵着吵着，他们又会和好如初。日本学者高坂观察分析了 3 岁幼儿的争吵场景。结果表明，3 岁的幼儿除了使用语言之外，还会通过“把玩具拿远一点”“紧紧抓住玩具不放”“把玩具藏起来不让对方找到”等行为来表达自己的意愿。

随着语言能力的发展，到了 5 ~ 6 岁，幼儿开始能够用语言表达来解决他们之间的争吵。日本学者仓持观察了幼儿园里 5 ~ 6 岁幼儿玩耍的场景，研究了幼儿们如何解决他们之间的争吵。结果发现幼儿所使用的解决策略多种多样，以下是一些例子。

- 抢先拿到：抢先拿到引起争执的物品。
- 独占：一个人独自占有某物品并持续使用，或者独自占有却并不使用该物品。
- 拒绝：说出“不行”之类的言语来拒绝对方。
- 主张：用“这是我的”“我想要”等言语，明确表达自己的想法。
- 报告老师：用“我要跟老师说”等言语来表明要向老师报告。

观察结果表明，使用抢先拿到的策略来表明自己意愿的方式，是解决争吵最有效的途径。因为这样就可以明确地指出是自己先拿到的玩具，可以在对方面前显得更有优势。此外，研究还观察到，当幼儿在和游戏小组之外的成员发生争执时，会说“我玩一会儿就还你”来限定具体情况，或者说“只玩一小会儿”来限定时间，这种通过提出商量性质的条件的方式来解决彼此之间的争执。

同伴关系在婴儿期形成

3～4 个月	有观察小伙伴的行为
5 个月	一直看着小伙伴，并和对方交换眼神

6～7 个月	一边发出“嗯嗯”的声音，一边触碰小伙伴，以及被对方触碰后随即回碰，这样的身体上的互动行为变得频繁
8 个月以后	靠近小伙伴，并伸手想要拿对方手里的玩具

1 岁大	开始意识到对方是否是好朋友，同伴之间主要通过玩具来互动
12 个月左右	和小伙伴交换玩具或争抢玩具
15 个月左右	喜欢和小伙伴相互打招呼，模仿对方的行为
18 个月左右	喜欢和小伙伴一起玩追跑游戏
	这一阶段，父母是孩子的安全港湾

争吵可以促进社交能力的发展

当我们观察孩子们之间的争吵时，会发现他们的言辞往往听起来都很激烈。成年人听了这些话可能会受伤，可孩子们却能不假思索地脱口而出。

然而，恰恰是通过这样看似激烈的争吵，幼儿才逐渐学会理解他人、关心他人。而且，在与小伙伴的互动过程中，他们也慢慢意识到，不同的人其性格和特点各不相同。在这个过程中，他们也能逐渐学会如何制定和遵守集体活动的规则，沟通能力得到了培养，耐心也得到了磨砺。

虽然说孩子们发生争吵时父母最好不要介入，但如今，部分家长一旦发现自己的孩子在幼儿园与小伙伴相处不融洽，便会出现过度反应，有的家长还会向老师抱怨“我的孩子受欺负了”。其实，对父母而言，在面对孩子之间的矛盾时不过度反应，耐心地观察孩子们如何自己解决问题，或许也是育儿过程中的必修课。

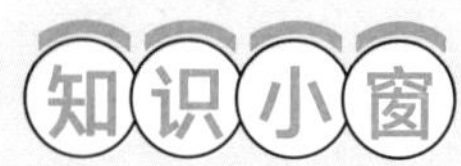

动漫与幼儿的性别意识

“小时候，我经常看某动画片”。“啊！我也是！那我们是同代人啊”！你有没有过按小时候流行的动画片来区分代际的经历呢？

在日本，《哆啦A梦》《海螺小姐》《口袋妖怪》等很多动漫长期以来深受大众喜爱。有研究表明，这些动漫中的角色呈现了当时社会中男性和女性的角色形象，对孩子们性别意识的形成产生了深远的影响。

日本学者藤村和伊藤选取了《口袋妖怪》《魔法俏佳人》和《游戏王》等几部当时孩子们最喜欢的动漫作为考察对象，并对这些动漫进行了研究和分析。主要考察的项目如下：（1）人物的男女比例；（2）台词次数；（3）人物的职业；（4）主要人物的外貌特征及服装差异；（5）性格特征、行为特征；（6）人物的男女组合模式。

以第四项的“主要人物的外貌特征及服装差异”为例，几乎在每部动漫中都有显著体现。比如，《口袋妖怪》和《游戏王》中的女性角色通常身穿迷你裙或短裤，留着长发，头发颜色鲜艳多彩；而男性角色则通常身穿长裤，颜色多为白色、黑色、蓝色、绿色、棕色等较为沉稳的色调。这明确地表现出了男女的性别差异，对于孩子来说，似乎描绘出了理想的性别特征。

如果每天在观看自己喜欢的动漫的过程中，不知不觉地形成了对男性和女性的刻板印象，那么是不是有必要重新思考一下电视节目对孩子所产生的巨大影响呢？

第4章

儿童期的发展

本章主要探讨自我意识开始萌芽，自我意志逐渐清晰的儿童期的发展特征。

儿童期是儿童社会性形成与发展的关键时期

小团体依赖期

儿童期是指从 6 岁上小学起，至 12 岁小学毕业大约 6 年的时间。在这一时期，不仅在身体上，儿童在认知上和心理上都经历着巨大的变化与发展。

进入学龄期后，儿童逐渐认识到同伴比父母更重要。他们的朋友圈通常由四五个人组成，他们喜欢和几个亲密的小伙伴一起，形成私密的小团体。有时，为了维护小团体的紧密性，孩子们还会制定一些内部规则，防止外部人员闯入他们的小圈子。

这种常见于小学三四年级左右的私密小团体，也称为帮派团体，这个时期也被称为帮团期。和小伙伴建立紧密的同伴关系，是儿童学习社会基本规则的一种重要方式。同时，帮团期也是儿童从心理上独立于父母的关键时期，在儿童的成长发展过程中极为重要。

九岁壁垒

到了小学三四年级，数学等学科难度骤增，孩子们在学习能力上的差异也逐渐明显。九岁壁垒指的就是儿童在九岁时面临的学习上的新挑战。

在这个关键时期，能否顺利克服学习上的挑战，将对他们日后的学业产生重要的影响。因此，这段时间也被称为九岁壁垒。

身高和体重显著增加

6 岁之后，儿童的身高和体重会显著增长。在 6 ~ 12 岁这个年龄段，身高增长一般会超过 40 厘米，体重也会增加一倍以上。

人类身体的成长不仅包括身高和体重的增长，还包括性成熟的发育。这些生理变化通常在青少年时期基本完成。但是，近年来，由于生活方式的改变，儿童的发育速度加快，发育进程也出现了一些变化。

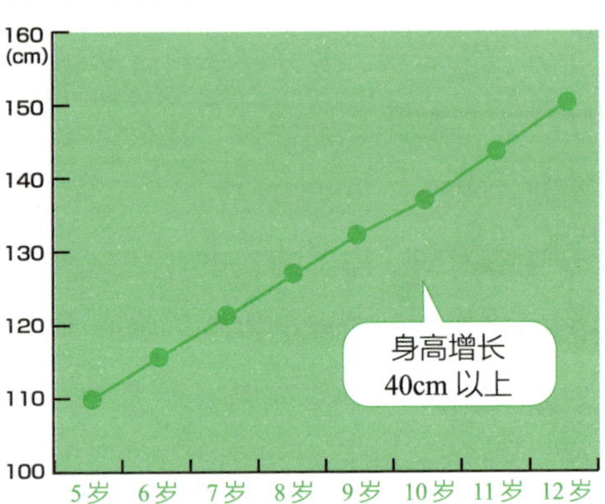
身高的变化
160
(cm)
150
140
130
120
110
100
身高增长
40cm 以上
5 岁
6 岁
7 岁
8 岁
9 岁
10 岁
11 岁
12 岁

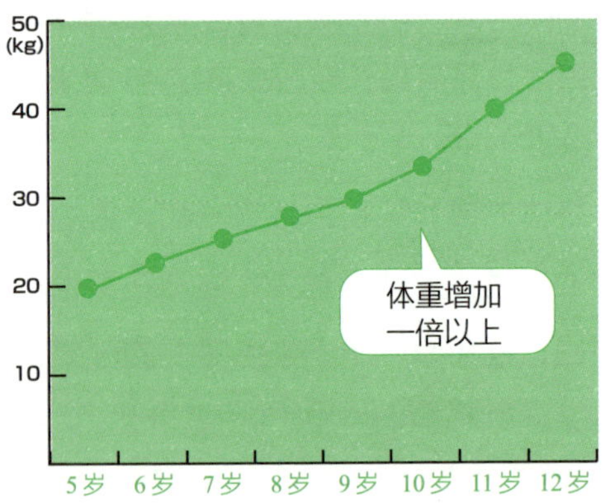
体重的变化
50
(kg)
40
30
20
10
体重增加
一倍以上
5 岁
6 岁
7 岁
8 岁
9 岁
10 岁
11 岁
12 岁

图 4–1　小学生成长曲线

兄弟姐妹对儿童性格的形成有重要影响

兄弟姐妹之间的斜向关系

你有兄弟姐妹吗？有几个呢？你排行第几呢？你们兄弟姐妹之间的关系是亲密的还是疏远的呢？

如果说父母和孩子的关系是上下关系，朋友与自己的关系是横向关系，那么兄弟姐妹之间的关系则可称为斜向关系。这种斜向关系，受到兄弟姐妹的数量、性别、出生顺序以及年龄差异等诸多因素的影响。接下来，让我们一起来看看兄弟姐妹关系中一些常见的特征。

两子女常见的心理特征

近年来，日本少子化问题日益严重，儿童的数量逐渐减少，独生子女或两子女的家庭越来越多。学者饭野将两子女之间的关系分为以下四种类型。

1. 保护 – 依赖关系。这种关系表现为一方帮助或保护另一方。例如，一方辅导另一方功课，或者一方习惯性地依赖另一方等。这种关系在兄妹或姐弟关系中较为常见。

2. 对立关系。这种关系表现为双方处于对立状态。例如，经常打架，一方欺负另一方（或被欺负），或者一方怨恨另一方等。这种关系在兄弟关系中较为常见。

3. 共存关系。这种关系表现为双方共同活动。例如，一起玩或一起上学等。与保护－依赖关系不同，共存关系是一种平等的横向关系，常见于兄妹关系中。

4. 分离关系。这种关系表现为双方较为疏远，几乎没有交流。例如，即使在一起也不说话，或者不关心彼此的生活。这种关系通常出现在年龄差距较大的兄弟姐妹之间。

此外，通常情况下，两孩的性格特征也有所不同。

1. 长子女的性格特征。他们往往话不多，习惯当听众。做事情时会尽量避免失败，并且会考虑别人的感受，会尽量避免给人添麻烦。即便是自己有需求，也不太敢坦率地表达出来。

2. 次子女的性格特征。他们通常较为健谈，容易在受到夸奖后表现得非常得意。他们擅长模仿别人，较为坚持自己的想法，同时也很会向父母撒娇。

中间子女常见的心理特征

中间子女通常处于兄弟姐妹的夹缝之中，承受的压力比较多。父母总是对他们说“要多向哥哥或姐姐学习，做得更好一点”“照顾好弟弟或妹妹”，却很少给予他们真正的关注。因此，中间子女通常会意识到，如果不主动表达自己，就无法被重视。

根据日本学者依田的研究，中间子女通常具有以下特征：

- 做事情前很少深思熟虑，因此容易失败；
- 不怕麻烦，做事时很努力；
- 面对不符合自己意愿的事情，往往直接选择沉默。

独生子女常见的心理特征

在过去，多子女家庭较为普遍。美国心理学家斯坦利·霍尔曾经指出：“独生子女仅仅因为独生这一点，就很可能产生心理问题。”现在的独生子女听了这句话，可能会感到愤怒。

关于独生子女的性格特征，常见的描述是任性、缺乏耐心、缺乏合作意识、不擅长交际、做事谨慎且有完美主义倾向、竞争意识弱和爱钻牛角尖，等等。

独生子女从小经常独自玩耍，缺少与朋友或兄弟姐妹一起玩耍、争吵、协调以及忍耐的经历，这些因素可能会促成上述性格的形成。

为什么独生子女的父母不会使用儿向语

日本学者正高在其著作《育儿为何如此之难》中，介绍了美国语言学家法格森提出的一个有趣的观点。根据法格森的研究，当父母在对婴幼儿说话或给他们读绘本时，通常会提高音调，语调变化也更加夸张，这种独特的语言方式被称为儿向语。

基于法格森的发现，正高对原生家庭有兄弟姐妹的母亲和原生家庭为独生子女的母亲使用儿向语的情况进行了对比研究。结果显示，在给孩子读绘本时，原生家庭有兄弟姐妹的母亲，50 人中有 47 人会使用儿向语，而原生家庭为独生子女的母亲，50 人中仅有

27 人使用儿向语。

对于这一研究结果，正高认为，独生子女在缺乏与兄弟姐妹互动的环境中长大，这导致他们为人父母后与孩子的相处方式，接近于成人之间的相处方式。与之不同的是，在有兄弟姐妹家庭中长大的父母，在跟婴幼儿互动时，则会模拟儿童之间的交流方式。

双胞胎常见的心理特征

从全球范围来看，日本双胞胎的出生率相对较低，大概每 50 人中有一人是双胞胎。而在非洲的一些国家，双胞胎的出生率则较高。例如，在尼日利亚，每 100 人中大约有五对双胞胎，换算下来，每 10 人中就有一人是双胞胎。

双胞胎一般可分为同卵双胞胎和异卵双胞胎。同卵双胞胎的基因完全相同，因此外貌、体形等特征也非常相似，而且同卵双胞胎均为同性双胞胎。

而异卵双胞胎的基因差异与普通兄弟姐妹差不多，因此，异卵双胞胎的外貌相似度较低。而且，异卵双胞胎既可能为同性双胞胎，也可能为异性双胞胎。

德国学者哥特沙尔特对双胞胎的性格进行了深入的研究。他将人的性格分为表层的认知能力特质和底层的内部情感特质，以此来探讨遗传因素和环境因素对双胞胎身心发展的影响程度。研究结果表明，同卵双胞胎在底层的内部情感特质上非常相似，受遗传因素的影响较大，而认知能力特质则更多地受环境因素的影响。

在日本，东京大学教育学部附属中学和庆应义塾大学安藤寿康教授的研究团队进行了双胞胎研究。该团队主要通过对双胞胎的研究，聚焦于探讨遗传因素和环境因素对个体发展的影响。这些研究成果对于我们更深入地理解个体差异和人格发展具有重要意义。

儿童的道德性是如何发展的

三个重要的道德发展理论

在社会中生存需要遵守的规则和道德，它们是如何形成并内化于个体的呢？对此，有三个重要的理论对此进行了详细的阐述。

第一个是弗洛伊德的精神分析理论。正如前文所述，弗洛伊德提出了自我的结构，包括本我、自我和超我。他指出道德性最早形成于五岁前的性器期。在这段时期，儿童会因为害怕失去父母的爱而感到恐惧、不安或罪恶感，而这些情绪正是形成道德行为的基本动机。

第二个是班杜拉（Albert Bandura）的社会学习理论。班杜拉认为，人们通过观察身边人的行为，将这些行为内化为自己的行为。例如，如果父母随意乱扔垃圾，即使孩子之前没有这种坏习惯，在耳濡目染之下也会开始模仿父母。因此，若想要好好培养孩子，父母首先要端正自己的行为。

第三个重要的理论是科尔伯格的道德发展理论。

科尔伯格的道德发展理论

科尔伯格于1927年出生在纽约，在芝加哥大学学习时，师从美国心理学家卡尔·罗杰斯（Carl Ransom Rogers）和哈维格斯特（Robert J. Havighurst）。1968年，他被哈佛大学聘为教授。为了研究道德性的发展，科尔伯格针对不同年龄段的儿童，设置了各种各样的道德难题，并对他们进行了测试。下面是其中的一个测试范例：

有一位女性罹患癌症，濒临死亡。此时，能够救她的只有一种药物。但是，药物的发明者将药物的价格定为开发成本的10倍，非常昂贵。这位女性的丈夫只有1000美元，可药剂师要求收取2000美元。

丈夫恳求药剂师，希望对方能把药价降低一些，或允许他分期付款。但药剂师始终不答应。最后，绝望的丈夫为了挽救妻子的生命，闯入了药剂师的药店，偷走了药。

你会怎么做

请问，你觉得这位丈夫的行为是对的还是错的？为什么？

科尔伯格观察不同年龄段儿童的答案，并将这些答案进行分类、整理和分析，提出了道德的三水平六阶段发展理论，具体参考图 4–1 和表 4–1。

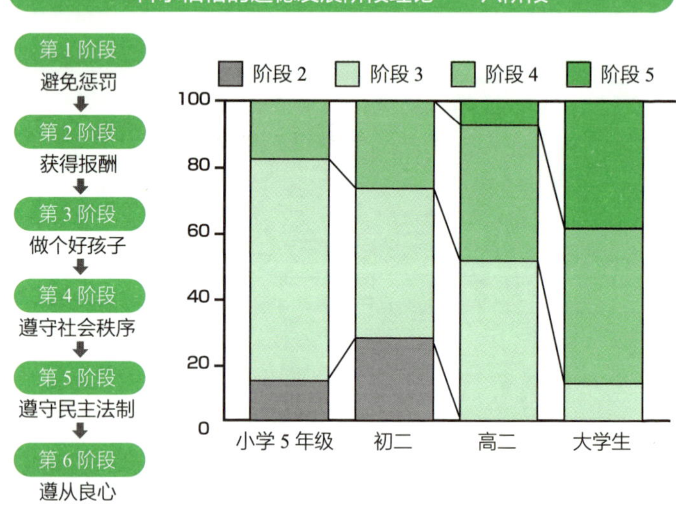

图 4–1　科尔伯格的道德六阶段发展理论

表 4–1　　科尔伯格的道德三水平六阶段发展理论

Ⅰ 前习俗水平	
第 1 阶段 惩罚与服从定向阶段	**儿童服从权威，遵守规则，主要是为了避免惩罚** 例如：他不应该偷药。因为如果偷了药，会被警察抓走的，会被关进监狱
第 2 阶段 相对功利取向阶段	**儿童的行为是为了满足个人的需求或利益** 例如：即使他偷了药，也还是什么都得不到呀。因为，等他出狱了，他的妻子可能已经死了

续前表

Ⅱ 习俗水平	
第 3 阶段 好孩子 定向阶段	**儿童努力获得他人的认可和赞扬，以外界的期望作为判断正确与否的标准** 例如：他不应该偷药。因为如果他偷了药，大家就会认为他是小偷。他的妻子也不希望靠他偷来的药活下去
Ⅱ 习俗水平	
第 4 阶段 权威定向阶段	**儿童遵守法律和社会规范，尊重权威** 例如：虽然他的妻子很需要这个药，但是也不应该用非法的方式来获取。他不能因为妻子得了重病，就把偷盗当成正当行为
Ⅲ 后习俗水平	
第 5 阶段 社会契约 定向阶段	**儿童认为规则不是绝对的，如果有正当的理由，可以为了更大的利益而修改规则** 例如：他不应该偷药。但是，药剂师的行为也太恶劣了。双方应该相互尊重彼此的权利
第 6 阶段 以个人理念为 基础的道德性 定向阶段	**儿童认为正义、人权和平等关系应该得到尊重。** 例如：他去偷药是对的。但偷了药之后，他应该去自首，坦白自己的所作所为。他应该接受惩罚，同时，他也挽救了妻子的生命，是值得敬佩的

具有最高阶段道德观念的人只占 20%

最终，是否每个人都能达到最高阶段的道德水平呢？

科尔伯格列举了具有最高阶段道德水准的人，如耶稣、佛陀、苏格拉底、孔子、林肯、马丁·路德·金等。实际上，据估计，能够达到后习俗道德水平的人大约只占全人类的 20%。

英国的一项研究调查，曾提出这样一个问题：如果可以获得 100 万美金报酬并保证免于惩罚，你会为此犯罪吗？对此，男性中做出肯定回答的人约占 11%，女性中做出肯定回答的人约占 3%。

吉利根道德理论对科尔伯格理论的批判

在 20 世纪 70 年代，科尔伯格的道德发展理论风靡一时。然而，这个理论也遭到了吉利根的批判。吉利根指出，科尔伯格的道德理论过于侧重体现男性主导的维护正义的价值观，实际上女性视角下关怀他人的价值观也很值得重视。对此，吉利根以 11 ~ 15 岁的美国儿童为对象，开展了实验调查研究。研究人员首先跟被试讲述下面的故事，然后对他们的听后感进行分析，探究其背后的原因。

为了抵御严寒，一只豪猪希望能和鼹鼠一家一起在洞穴里过冬。

鼹鼠们答应了豪猪的请求。但是，这个洞穴非常狭窄，每当豪猪在洞穴里走动时，鼹鼠们就会被豪猪的刺扎到。

于是，鼹鼠们希望豪猪能搬出洞穴。但是，豪猪拒绝了鼹鼠们的请求，并说道："如果这里让你们不舒服，你们也可以离开。"

听完这个故事，男孩们普遍认为，"那个洞穴是鼹鼠的家，豪猪当然应该搬出去"，他们倾向于用维护正义的逻辑来解决这种道德两难的问题。

相比之下，女孩们则更倾向于寻找一个让每个人都能舒适生活的解决方案。例如，"要是能用毛毯把豪猪盖住就好了"。

吉利根批判了男性心理学家们通常都是从正义和自立等观点出发来定义道德。她指出，女性更重视人文关怀，但在定义道德时，女性视角却没有得到足够的尊重。在科尔伯格的理论中，当道德发展到第三个水平时，女性的位置几乎已被边缘化。

吉利根认为，人文关怀在道德发展中变得越来越重要，从人文关怀的视角来看，男性的道德发展其实是处于较低水平的。

在日常生活中，无论是男性还是女性，都可能遭遇各种各样的道德判断情境，而且他们所依据的道德标准也有所不同。在道德发展过程中反映出来的这种性别差异，其实也是一个很值得深入探讨的课题。

豪猪与鼹鼠家族实验

男孩主张用正义原则来解决问题，而女孩则倾向于寻找大家都能坦然接受的方案

儿童在观察和模仿大人的行为中成长

班杜拉的社会学习理论

美国学者班杜拉是一位知名的心理学家，他主要致力于社会认知学习理论和自我效能感的研究。为了验证社会认知学习理论，班杜拉开展了以下实验。

首先，把孩子们分为实验组和对照组。然后，请实验组的孩子们进入一个放满玩具的房间里，让他们目睹一个大人暴打一个充气人偶的场景。

另一边，则让对照组的孩子们目睹大人快乐地玩人偶的场景。随后，让每组的孩子们逐个进入玩具房间里自由活动，并用录像机记录下每个孩子的行为。

结果显示，实验组的孩子们比对照组的孩子们表现出更明显的攻击性。由此可知，儿童具有观察并自发模仿他人行为的特性。

观察学习

观察学习，是指个体仅仅通过观察他人的行为就能习得该行为。更确切地说，是指通过观察他人的“刺激－反应”模式来习得新行为。在这个过程中，有一点很重要。人们通常认为，观察次数越多，学习效果就越好。但实际上还有一个关键因素，即学习时是否能够集中注意力。如果注意力不集中，即便增加学习次数，也只会让观察对象变得司空见惯，学习效果反而不佳。

儿童观察和模仿成人的行为

班杜拉的社会学习理论

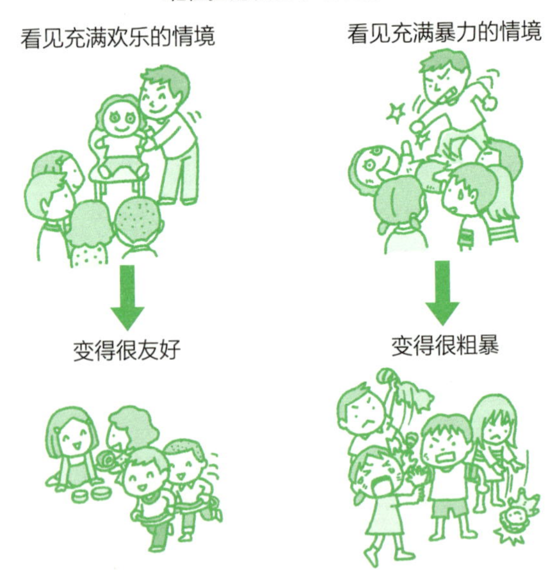

儿童具有自发模仿他人行为的特性

智力是什么

关于智力测试方法的研究历程

智力测试方法的研究历程可以追溯至 19 世纪，起初它是作为个体差异研究的一部分来开展的，涵盖了人相学、颅相学等领域。

奥地利医生加尔曾提出，人的性格特征与其头颅形状有直接关系。受此观点的影响，英国人库姆甚至对已被执行死刑的罪犯的颅骨进行了测量与研究。然而，现代科学已经证实，颅相学的观点是不成立的。

此后，英国人高尔顿着手对智力和性格方面的个体差异展开研究。1884 年，在伦敦举办的世界卫生博览会上，高尔顿开设了“人类测量实验室”，对人类的多种特征，如身高、体重、感觉敏锐度等进行测量。关于高尔顿之后研究领域的进展情况，可以参考表 4–2。

表 4–2　关于智力测量方法的研究史

1869 年	高尔顿	出版《遗传的天才——对其规律与结果的探究》，致力于人类的个体差异研究，1884 年创立了人类测量实验室

续前表

1905 年	比奈	受巴黎市教育局的委托，在西蒙的协助下，开发了一种能够识别在学校教育中有学习障碍、智力发展迟缓儿童的方法，编制了世界上第一套智力测评量表。该量表设置了 30 个测评项目，这些项目按从易到难的顺序依次排列
1908 年	比奈	在智力测评量表中增加可以反映心理年龄的测评项目
1916 年	特曼	斯坦福大学特曼教授也编制了一套适用于美国本土的比奈智力量表，并据此创建了斯坦福—比奈智力量表。在该量表中，首次使用了智力商数（IQ）来表示智力水平
1917 年	耶基斯	在第一次世界大战期间，耶基斯采用了智商测试的方法对美国士兵进行分类和配置。他采用的是集体测试的方法，而非个别测试
1937 年	韦克斯勒	在贝尔维尤医院工作的韦克斯勒开发了一套新的智力测试方法。该测试由语言测试和操作测试两部分构成，不仅可以测出整体智商，而且能够分别测出语言智商和操作智商。平均值设定为 100，标准偏差设定为 15

智力测试

目前，在日本广泛使用的智力测试方法主要有两种：一种是基于法国学者比奈的理论编制而成的“田中比奈智力测试”，另一种是基于韦克斯勒理论编制而成的

“WISC-IV”。接下来让我们分别了解一下这两种测试方法的特点。

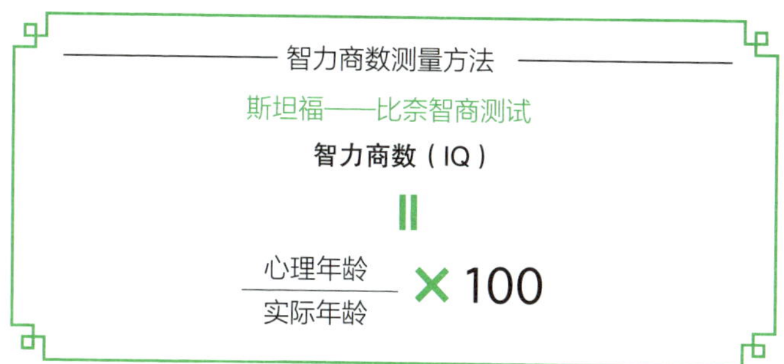

田中比奈智力测试是一种适用于 1～13 岁儿童的智力测试。该测试中设置了一系列问题，这些问题在同龄儿童里，有 60%～70% 的人能够回答出来。通过评估儿童答对问题的数量，就可以计算出他们的智力商数。

WISC-IV 测试是一种适用于 5 岁到 16 岁 11 个月儿童的智力测试方法，通过该测试，能够测出整体智商（IQ）以及以下四个指标。

- 语言理解指标。通过类同、词汇、句义理解等题目，对儿童的语言推理能力、语言思考能力以及知识水平进行评估。

- 知觉推理指标。借助积木拼图、图形概念、矩阵推理等题目，测量儿童整合视觉信息的能力，以及他们的非语言推理和思考能力。
- 处理速度指标。利用符号、编码等题目，测量儿童快速且准确处理视觉信息的能力，以及短期记忆能力。
- 工作记忆指标。通过计数、听觉排序等题目，测量儿童保持专注、准确获取听觉信息的能力与记忆力，以及在工作过程中临时存储记忆的能力和专注力。

在这项测试中，如果把同龄儿童的平均智商设定为100，就能够测量出个体与平均值之间的差距。此外，3岁10个月至7岁1个月的儿童可以使用WPPSI（韦氏学前和小学儿童智力量表），成人则可以使用WAIS（韦氏成人智力量表）进行检测。除了这些针对不同年龄段的个体检测外，还有团体智力检测。

高智力≠学习能力强

智力（又叫“智能”）的英语为“intelligence”，其词源来自拉丁语的“intelligentia”，意思是感知以及理解的能力。在学术界，对于智力的定义大致可以分为以下三种：

- 智力是抽象思维的能力（特尔曼观点）；
- 智力是学习的能力（迪亚博恩观点）；
- 智力是适应新环境的能力（韦克斯勒观点）。

从这些定义可以看出，智力所涵盖的内容不仅仅局限于学习能力，还包括适应新环境的能力。

在高尔顿的影响下，斯皮尔曼将“因素”这一概念引入到了智力研究领域。除此之外，瑟斯顿的多因素理论以及吉尔福特的智力结构模型，同样在智力研究领域中产生了重要的影响。我们将在下文中对这些理论进行详细说明。

斯皮尔曼的二因素论（1904 年）

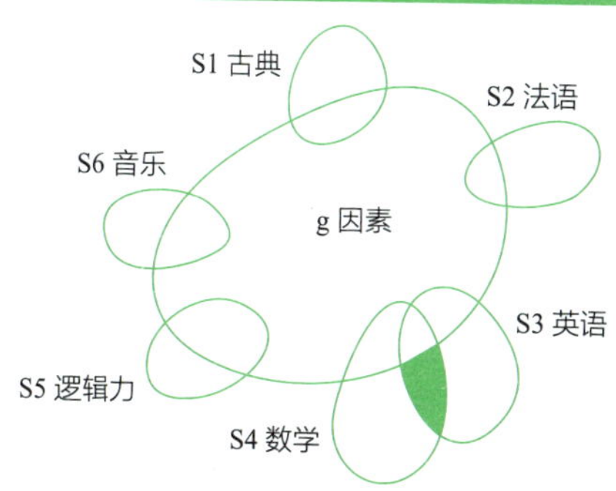

斯皮尔曼将对小学生在光、重、音辨别测量中的结果，与他们在学校的各科成绩之间进行了相关性研究。研究结果发现这两者之间存在高度的相关性，这表明智力结构里存在一个共同的一般因素，即 g 因素。同时，各个学科里还存在各自特有的特殊因素，也就是 s 因素。

斯皮尔曼指出，g 因素是由遗传决定的，而 s 因素则取决于环境。智力是由在所有认知活动中都发挥着作用的一般因素（g 因素），以及在特定认知活动中才发挥作用的特殊因素（s 因素）这两个因素构成的综合体。

瑟斯顿的多因素论（1938 年）

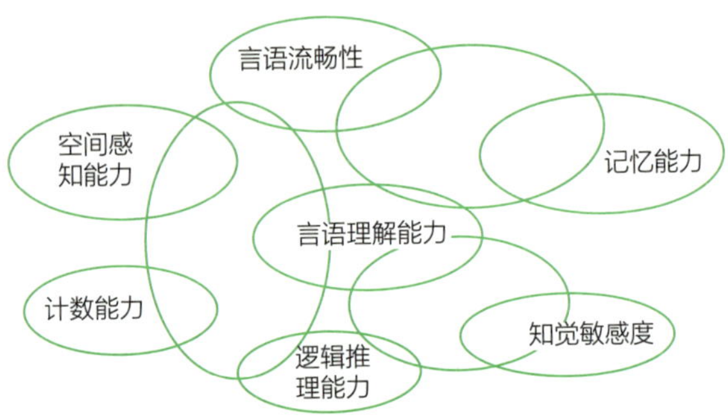

瑟斯顿认为，不存在所谓的一般因素，智力是由多个特殊因素构成的，而一般因素是从特殊因素中提取出来的。

他设计了一个由 56 个问题构成的智力测试，并对大学生进行了问卷调查。他从调查结果中提取出了构成智力的七个因素：知觉敏感度、空间感知能力、计数能力、言语理解能力、记忆能力、逻辑推理能力及言语流畅性。

瑟斯顿的多因素论得到了许多心理学家的认可，特别是吉尔福德。他以瑟斯顿的多因素论为基础发展出了智力结构理论，这一理论对后来的心理学研究和教育实践产生了深远的影响。

吉尔福德的智力三维结构模型（1967 年）

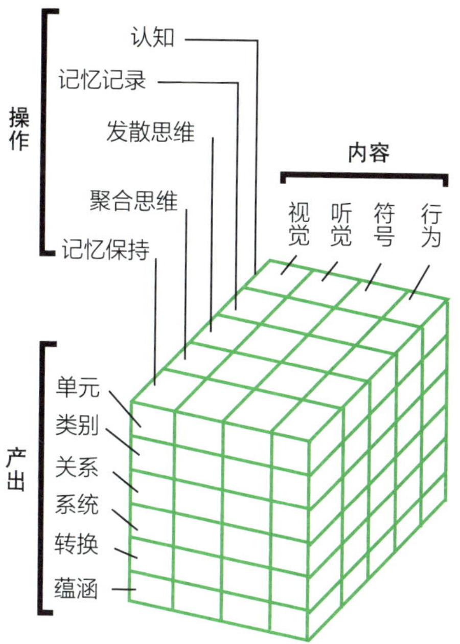

在瑟斯顿的理论中，智力内容尚未实现体系化。基于此，吉尔福德运用因素分析法提取智力的表征因素，并将其结构化，提出了由操作（Operations）、产出（Products）和内容（Contents）三个维度构成的智力立方体模型。

吉尔福德把每个维度进一步细分为若干元素，构建出包含 120 种不同智力因素的更为细化的智力模型。然而，这一智力三维结构模型目前仅停留在理论层面，尚未得到实证研究的支持。

人是如何学习的

学习的机制

学习存在一定的规律和机制。诸多研究者通过各种实验，证实了这些规律和机制的存在。本小节将介绍一些具有代表性的学习行为机制。

经典条件反射

俄罗斯生理学家巴甫洛夫，是首位对人类行为机制进行科学考察和研究的学者。

巴甫洛夫做过一个非常有名的实验：每次给狗喂食时，都摇一下铃铛，并且重复这一操作。最后，狗即便没有得到食物，只要听到铃声也会分泌唾液。巴甫洛夫将这种现象称为“条件反射”，这是一种在特定条件下，通过学习而被动形成的反应。运用条件反射原理来学习的行为，也称为经典条件反射。

操作性条件反射

美国心理学家斯金纳提出了另一种基于自发性的行

学习行为的机制

经典条件反射　被动地学习

操作性条件反射　基于自发行为和反应的学习

按压杠杆就会获得食物

肚子饿了，就会按压杠杆

为和反应的学习模式，并通过实验验证了其学习效果。

在斯金纳的实验中，他先把老鼠放入一个名为斯金纳盒子的实验装置里，并让老鼠自由活动。当老鼠偶然按下装置中的杠杆后获得了食物，它便会逐渐学会通过按压杠杆来获取食物；但如果老鼠反复按压杠杆却始终得不到食物，那么它按压杠杆获取食物的行为就会逐渐消失。斯金纳将这种学习行为称为操作性条件反射。

如何培养儿童的内驱力

在心理学领域，斗志被称为成就动机

每一位父母都希望自己的孩子勤奋学习，成绩优异。在心理学中，这种积极进取、努力向上的斗志被称为成就动机。美国心理学家麦克利兰是研究人类需求的知名学者，他对成就动机给出了如下定义：“努力完成困难的任务；精通自然法则、擅长人际交往且思维敏捷，能够很好地组织和利用自己的优势；能够尽快着手处理事情、并尽可能独立地完成；能够克服困难和障碍、力求达到完美、高水准的状态；敢于与他人竞争，努力超越他人；能够巧妙地运用和发挥自己的才能，不断提升自尊心和自信心。”

基于上述定义，成就动机就是指即便面对困难，仍以高标准为导向，依靠自身努力去实现目标的心理动力。

培养良好的内驱力，助力孩子茁壮成长

当考试临近，孩子却依旧只顾着玩、无心学习时，父母往往会生气地说：“你怎么对学习这么不上心！”这时，孩子听了可能会很不情愿地坐下来翻开课本，可这仅仅是为了应付父母，并非真正有学习的意愿。

真正的斗志是一种内驱力，它是即便无人称赞，也能从内心深处自发产生完成事情的动力，心理学上称其为内在动机。与之相对的是外在动机，即通过外界的刺激来促成自己的行动，比如“你这次要是考好了，妈妈给你奖励哦”。

对孩子而言，从小培养真正的内在动机比培养外在动机要困难得多。但是，当孩子既不是出于父母的要求，也不是为了获得外界的赞美，而是凭借内心的动力去努

力完成事情时，那就表明他们真正掌握了知识。

连续失败会产生无助感

有时候，我们反复尝试做一件事，却接连遭遇失败。在这种情况下，人们往往会萌生出放弃的念头，会感到无论怎样努力，都无法避免失败，进而陷入深深的无助感之中，甚至会觉得自己的努力毫无意义。这便是心理学中所说的习得性无助。

这个概念是由美国心理学家塞里格曼（Martin E. P. Seligman）提出的。他在实验报告中指出，当狗持续遭受无法逃避的电击时，它们最终会选择放弃逃避。哪怕后续有能够逃脱的机会，它们也会选择留在原地不动。

在学校里，当孩子无论怎么努力，学习成绩都不见起色时，如果父母还总是打击孩子说“你怎么这么笨！”，孩子可能就会感到非常无助，甚至可能放弃继续努力。因此，父母和老师的赞赏和鼓励，是激发孩子内驱力的关键因素。

皮格马利翁效应

皮格马利翁是希腊神话中塞浦路斯的国王。传说中，他爱上了一尊女性雕像。神明得知此事，便赋予了这尊雕像生命。

受到这个故事的启发，罗森塔尔等人将这个概念应用到了教育领域的研究中。他们通过实验操作，调控教师对学生的期望值，并持续追踪调查结果。结果显示，被老师寄予更高期望的学生，在后续学习过程中表现得更为积极。

罗森塔尔等人的研究表明，教师对学生的期望能够激发学生的潜能。这种能够激发学生的潜能，促使学生积极进取的效应，被称为皮格马利翁效应。

在教育过程中，教师应该对学生抱有积极的期待。但与此同时，我们也要认识到，过高的期待可能会产生负面的影响。

自我韧性

我在探究父母教育方式与儿童心理发展的关联时发现：父母的积极鼓励能够显著减少孩子的无助感，而这一过程中自我韧性发挥着关键的中介作用。布洛克将自我韧性定义为，个体在面对强大的压力或巨大的挑战时所展现出来的自我调节、适应环境的能力。简单地说，自我韧性就是在面对压力和挑战时，能够积极应对并保护自己的能力。自我韧性包括了积极向上、心理柔韧等特质。

如果父母从小就能温和地鼓励孩子，孩子的自我韧性便会得到增强，这种韧性可以使孩子避免陷入无助感之中。

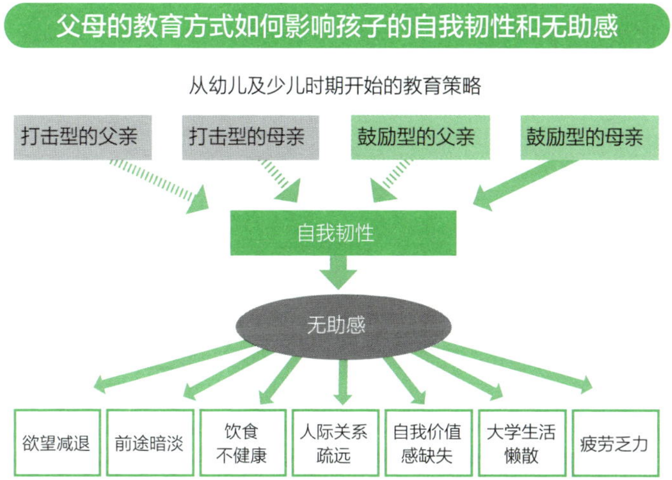

父母的教育方式如何影响孩子的自我韧性和无助感

霸凌是如何产生的

霸凌的现状

据日本文部科学省发布的数据显示，2006 年度日本全国发生的霸凌事件数量高达 124 898 件，是前一年的 6.2 倍。

霸凌事件的急剧增加，可能与文部科学省修订的霸凌的定义有关。

在 2006 年之前，霸凌的定义为：对比自己弱小的人进行单方面的、持续性的身体或心理攻击，使对方感受到严重的痛苦。而新的定义删除了“比自己弱小”“持续性”和“严重”等条件，更加注重受害者的感受。

新的定义修改为：在特定的人际关系中，个体受到他人心理或身体的攻击，从而感受到精神痛苦。也就是说，判断是否构成霸凌，应该以被霸凌一方的立场为依据。

由于定义的改变，存在霸凌的学校占日本全国院校总数的 55.0%，达到 22 159 所，数量是 2005 年度的 3 倍。此外，在对霸凌的定义和调查方法进行修订时还发现，

2006 年度日本全国通过计算机和手机等互联网进行的网络霸凌事件约有 4900 件，约占霸凌事件总数的 4%。并且，因霸凌导致的自杀案件也多达 6 起。

霸凌的类型

日本学者竹川根据霸凌行为的严重性以及是否涉及群体，将霸凌行为分为以下几类

恶作剧型霸凌
一个人或几个人对处于弱势地位的人进行恶作剧、嘲笑、捉弄或戏弄的行为。这种霸凌通常是一次性的，不会对身体造成严重伤害，但会使对方在精神上感到痛苦
群体霸凌
群体对个体实施冷暴力，或藏匿对方的物品等行为。群体霸凌又包含四种类型：以惩罚为目的的制裁型霸凌；孤立个体的排挤型霸凌；寻求乐趣或刺激的娱乐型霸凌；将自身的精神压力发泄到弱者身上的压力释放型霸凌
同伴群体内的隶属型霸凌
在关系紧密的小团体中，对特定少数人习惯性地颐指气使，如迫使对方拿包、泡茶等行为
犯罪型霸凌
使用恐吓、暴力行为、强迫盗窃等犯罪手法的霸凌行为

霸凌的机制

为什么会出现霸凌现象呢？我们可以通过紧张理论和控制理论来阐释霸凌的产生机制。

紧张理论。当个体内心存在未被满足的需求，或是内心产生矛盾冲突时，就会萌生想要缓和这些紧张所带来的不适感的欲望，并会为此采取某些行动。霸凌就是其中一种攻击性反应行为。例如，有些孩子从小受到父母的严厉管教，内心积压了很多未被满足的需求，有时他们会将这些不满的情绪发泄到朋友身上，通过霸凌的方式来寻找情绪宣泄的出口。

控制理论。控制理论是指，当个体无法掌控自己本应拥有的情感能量时，可能会出现一些问题行为。我们管控情绪主要有两种方法：一种是依靠法律、规章制度等社会规范来约束情绪；另一种则是凭借自身的良知和内在道德标准来进行自我控制。而这种管控能力的弱化，很可能直接引发霸凌行为。此外，导致霸凌事件不断增加的原因是多方面的，比如家庭和社会环境的变化、育儿环境的恶化、对学历选拔机制的过度依赖、家庭教育能力的下降，等等。

霸凌者和被霸凌者的特征

被霸凌者和霸凌者通常呈现出一些共同的特征，例如较为自我、任性、合作能力较弱、缺乏自信，等等。

日本学者尾木将二者的特征总结如下。

霸凌者和被霸凌者的特征

容易成为霸凌者的因素

- 曾经有过被霸凌的经历
- 渴望一切都按照自己的想法进行，追求控制感
- 想寻找刺激以缓解压力
- 想通过贬低他人以缓解自己的自卑感
- 家庭问题
- 性格问题
- 在小团体中，若不参与欺负他人，可能会成为下一个被欺负的对象

容易成为被霸凌者的因素

- 朋友少
- 动作缓慢
- 身体弱小
- 老实、内向

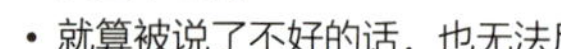

- 老好人
- 口齿不伶俐
- 就算被说了不好的话，也无法反驳

儿童为什么拒绝上学

拒学儿童数量剧增

倘若有一天孩子突然说不想上学，父母往往会很生气，指责孩子在偷懒，还会刻意催促他们去学校。实际上，对于这种情况父母首先应该耐心地倾听孩子的想法，因为他们不想上学一定是有原因的。

拒学指的是在校生并非因病假或家庭经济原因，在一个学年内缺勤 30 天以上的情况。日本文部科学省对日本全国中小学校的基础调查数据显示：2006 年度，因拒学而缺勤的小学生有 2.4 万人，比 2005 年度增加了 1000 人；中学生有 10.3 万人，比 2005 年度增加了 3000 人。2006 年度，中小学拒学人数共计 12.7 万人。而在 1991 年，拒学小学生人数约为 1.2 万人，中学生约为 5.4 万人。通过对比可以明显看出，在这 15 年间，拒学学生人数几乎翻了一倍。

拒学儿童帮扶方法

拒学的原因大致可以分为以下三种类型。

- 与学校生活相关：比如同学关系不融洽、遭遇霸凌，或者和老师之间产生矛盾等。
- 与本人自身相关。
- 与家庭生活相关：比如家庭环境突然改变、亲子关系出现问题或者家庭内部存在矛盾等。

其实很多时候，孩子自己也不清楚为什么不想去学校。有些孩子前一天还准备好要去学校，可到了第二天早上，却突然觉得头疼或肚子疼，没法去学校。但只要父母同意他们不去学校，或者到了周末，他们又立刻恢复了活力。孩子心里清楚自己应该去学校，可往往不知道自己为什么做不到。

对此，父母可以尝试以下做法：一是耐心地倾听孩子内心的想法；二是与学校老师进行充分的沟通，了解情况；三是向学校的心理咨询师咨询；四是向校外的心理咨询机构寻求帮助。

拒学问题并不容易解决。我们的目标不只是让孩子重返校园，更重要的是要帮助孩子激发生活的动力，培养他们的独立能力。

学校心理咨询的作用

近年来，大部分学校都开始设立校内心理咨询室。1995 年，日本文部科学省在全国中小学校推行心理咨询师派遣制度。学校心理咨询师的工作内容包括以下三个方面。

1. 心理评估。了解学生在学习和心理方面的适应状况，并根据需要制订帮扶计划。

2. 心理咨询。对个人或集体开展治疗性、预防性和发展性的咨询或指导工作。

3. 咨询服务平台。为家长、教师和教育工作人员提供咨询服务，帮助他们有效地应对学生的问题行为，共同解决学生在成长过程中遇到的问题。必要时还会与外部专业机构进行合作，为学生提供更全面的支持。

儿童的体能和运动能力呈下滑态势

为了全面了解儿童的体能状况，自 1964 年起，日本文部科学省每年都会针对全国青少年开展体能与运动能力调查。调查结果显示，在 1978 年之前，青少年在跑（50 米跑、耐力跑）、跳（立定跳远）、投（垒球投掷、棒球投掷）以及力量（握力）等方面的能力呈上升趋势，但 1978 年后，这些能力逐渐缓慢下降。

日本学者玉川对日本小学二年级至初中三年级青少年的体能情况与运动习惯之间的相关性进行了研究。结果表明，在小学二年级时，儿童之间的体能差异就已显现，这与儿童在幼儿时期是否养成运动习惯有关。

2005 年度的日本儿童白皮书记录了自 1990 年起每五年开展一次的“全国儿童身体调查”的相关结果。该结果显示，日本幼儿园和托儿所的幼儿普遍存在哮喘、容易摔倒、摔倒时不会用手掌撑地这三项健康问题；而小学生和中学生普遍存在视力低下的问题；中学生和高中生则普遍存在日常体温低于 36 摄氏度、经常腹痛头痛、颈部肩部酸痛以及无故缺课这四个问题。

那么，为什么孩子容易绊倒或摔倒，摔倒时又不会用手掌撑地呢？这可能是因为他们在成长发育过程中，没有自然习得本应掌握的身体防御动作。

生活习惯不是短时间之内能养成的，而是在日常生活中不断积累并逐渐养成的。因此，家长们在养育孩子的过程中，也要充分意识到培养孩子独立自主能力的重要性。

第5章

青年期的发展

青年期，是个体探索自我的重要时期，也是亲子关系和交友关系发生重大转变的时期，更是确立自我身份不可或缺的重要阶段。在本章中，让我们一起来了解青年期的特点。

青年期何时开始，何时结束

12～23岁的10年左右为青年期

青年期的英语为“adolescence”，该词源于拉丁语“adolescere”，意思是“成长”“在成长中走向成熟”。

在日本，一般把从初中生、高中生到大学生的年龄阶段，即12、13岁到22、23岁这10年左右的时间称为青年期。但是，最近调查显示，青年期开始的年龄提前了1～2岁，结束的时间也推迟到了25～26岁。

青年期开始时间提前，其中一个原因是如今青少年身体发育速度加快。从身体发育状况来看，小学高年级学生已不再完全具备儿童特征。身体发育的加速，致使青年期开始时间提前。

那么，青年期结束的时间为什么推迟了呢？人们普遍认为，这与青年的经济独立情况以及晚婚化趋势相关。如今的青年即便已参加工作，很多人在结婚前仍与父母一同居住。这种经济上能够独立，但在心理上仍依赖父母的单身青年群体被称为“单身寄生族”。这个群体的数量不断增加，晚婚化现象也越来越明显。根据 2008 年的人口统计数据，2006 年日本人结婚的平均年龄，男性为 30 岁，女性为 28.2 岁。

因此，如果把结婚视为进入成年期的一个标志，那么未来很可能出现个体即便到了 30 岁仍处于青年期的情况。

青年是“边缘人”

关于青年期，心理学家库尔特・勒温（Kurt Lewin）指出：“青年既不属于儿童群体，也不属于成人群体，他们是处在两个群体中间的边缘人。”

德裔美国精神分析师彼得・布洛斯（Peter Blos）则将青年期称为“第二次分离个体化”。这一概念的理解需要追溯到玛格丽特・马勒的婴幼儿精神分析理论。马勒指出，对于婴儿而言，母亲的乳房和母亲是融为一体的存在。随着婴儿开始爬行到能够独立行走，并且逐渐断奶、离开母亲，他们才逐渐意识到自己与母亲是不同的个体。马勒将这一过程称为“第一次分离个体化”。布洛斯在这个理论的基础上进一步指出，青年期是再次从父母那里实现分离，从而获得心理上独立的阶段，他把这个过程称为“第二次分离个体化”。

日本社会学家宫本认为，在青年期和成年期之间，现代社会出现了一个全新的生命阶段，也就是所谓的“缓冲青年期”。这一观点为我们理解青年在现代社会中的发展阶段提供了新的视角。

青春期和青年期的区别

《青年期的心理》一书的作者福岛章对青春期和青年期做出了如下解释：

“青年期是指从青春期开始，一直持续到个体在心理和社会层面实现独立，正式踏入成人行列之前的这一时间段。青春期属于青年期的一部分，处于青年期的前半段，生理上的变化在这一过程中起到了关键作用。青春期开始的标志，对于女孩子而言是初潮，对于男孩子而言则是首次射精。”

从上面的解释中我们知道，青春期侧重于生理层面的发展，而青年期则是一个更为宽泛的概念，它涵盖了青春期。

我是什么样的人

自我探索的时期——建立自我身份认同

埃里克森曾指出，对个体而言，青年期最重要的事情是建立自我身份认同。“身份认同”一词，在日语中表述为“自我同一性”。它指的是，在过去、现在和未来的时间进程中，个体能够清晰、稳定地认识到自己是怎样的人，并且认为他人也是这样看待自己的。也就是说，在青春期，需要探索“自己是个怎样的人”“自己将来想做什么”“自己活着的意义是什么”等问题，并确立一个稳定的自我。

生理机能的快速发展和成熟——第二性特征

从中学时期开始，男孩的肩膀逐渐变宽，肌肉愈发发达，体毛（包括胡须）开始生长，喉结也逐渐发育，声音变得低沉，还会出现遗精现象；女孩的乳房开始发育，臀部变得更宽，皮下脂肪有所增加，月经初潮也会如期而至。这些在青春期出现的身体变化，就是所谓的“第二性特征”。

与之相对的第一性特征，指的是男孩和女孩自出生起就存在的身体差异。进入青春期后，生理发生急剧变化的同时，个体也开始将目光投向自己的内心世界。通过下面的测试，来看看自己的身份认同的构建情况吧。

测测你的自我身份认同构建情况

请在符合你自身情况的选项框里打“√”。

□ 1. 常常连自己都不知道自己到底是什么样的人。

□ 2. 几乎没有和异性交往过。

□ 3. 觉得现在的自己不是真正的自己。

□ 4. 有时觉得自己很没有自信。

□ 5. 不知道今后该如何活下去。

□ 6. 经常感到不安。

□ 7. 不知道自己的想法或价值观是否正确。

□ 8. 经常做一些不负责任的事情。

□ 9. 遇到困难时，常常按照父母的想法去做。

□ 10. 还没有找到自己真正想做的事。

此测试根据埃里克森的心理社会发展理论制作而成。

你有几个项目是√呢?
如果√在 7 个以上，说明你的自我身份认同还未建立。
√的项目数量越少，表明你的自我身份认同越稳定。

关于自我身份认同的研究发展史

埃里克森提出的自我身份认同，是描述青年特征时不可或缺的重要概念。基于这一理论，很多研究者编制出了用于测量青年自我身份认同的量表，极大地推动了该理论的应用与发展。

以心理学家詹姆斯 · 玛西亚（James E. Marcia）为例，他从“危机”和“投入”这两个维度对自我身份认同展开研究。其中“危机”是指个体在面对多种可能性时，陷入迷茫与痛苦的状态；“投入”则是指个体积极表达自己的想法和信念，并按照这些想法和信念去行动。

玛西亚采用访谈法，对青年的自我身份认同构建情况进行研究，最终将自我身份认同的构建情况划分为以下四种水平，如表 5–1 所示。

- **自我认同达成。**个体通过对过往生活方式和价值观的深入反思与探索，能够按照自己认为正确的方式来解决实际问题。处于这一状态的个体，对自身有着清晰的认知，知道自己是怎样的人，并且能够坦然接纳自身的优点与缺点。

- **自我认同延缓。**个体对当下的生活方式感到迷茫，对自我的认识还处于摸索阶段。
- **自我认同早闭。**个体没有经历过心理上的烦恼或挣扎，就已积极投身于某种工作或践行某种意识形态。比如，部分个体直接接受父母所期望的生活方式、目标或价值观，并按照父母设定的路径前行，并未真正思考过这条路是否适合自己。
- **自我认同混乱。**个体感觉当下的自己并非真正的自己，处于暂时迷失自我的状态，无法有条理地朝着目标努力。

表 5–1　　玛西亚提出的四种身份认同水平

身份认同水平	危机	积极投入	说明
自我认同达成	已经历	积极投入	对从小到大的思维模式和行为模式产生了怀疑，经过痛苦的挣扎、积极的反思与探索，最终找到了适合自己的路，并沿着这条路前行
自我认同延缓	正在经历	正要投入	目前面临多个选择，犹豫不决，但正在努力克服这种不确定性带来的迷茫

续前表

身份认同水平	危机	积极投入	说明
自我认同早闭	未经历	积极投入	自己的人生目标与父母的目标并不一致。所有的经历都只是在不断强化自幼形成的信念。为人行事缺乏灵活性
自我认同混乱	未经历	未投入	在危机发生前，从未思考过自己是谁，也无法想象自己会成为什么样的人
	已经历	未投入	在危机后，认为一切皆有可能，难以做出取舍，并且认为必须在各方面都保持可能性

青年如何思考自己的未来

展望未来是青年期重要的发展课题

展望未来，是青年期一个重要的发展课题。中年人经常对年轻人说："你还年轻，不用担心，未来的路还长着呢！"说这话的中年人，往往是人生过半，在回顾往昔时，感到剩下的时间不多了，由此产生了一种焦虑感。

在心理学领域，这种对未来的展望被称为“时间性展望”。尤其是处于青年期的人群，许多年轻人怀揣着对未来的憧憬，带着明确的目标不断努力，这恰恰是他们具备时间性展望的有力体现。他们会在脑海中想象10年、20年后的自己，并为之努力奋斗。可以说，建立这种时间性展望，是青年期的重要发展课题，它能为年轻人后续的人生道路指明前进方向。

日本学者白井长期深耕于时间性展望研究领域。他认为，时间性展望是一种时间维度上的延展，也就是说遥远的未来或过去的事件，会对当下的个体行为产生影响，是个体怀着对未来的希望让当下的生活充实起来，并接纳过去的一种时间上的感觉。

你的未来是什么样子的呢

你觉得对你而言，最重要的是过去，现在，还是未来？

白井设计了一个简单的小测试，即在纸上画出自己的时间线，以此来思考人生。你也可以按照下面的提示试着画一画。然后，稍作停顿，思考一下当下的自己和未来的自己。

你的过去和未来

（例）

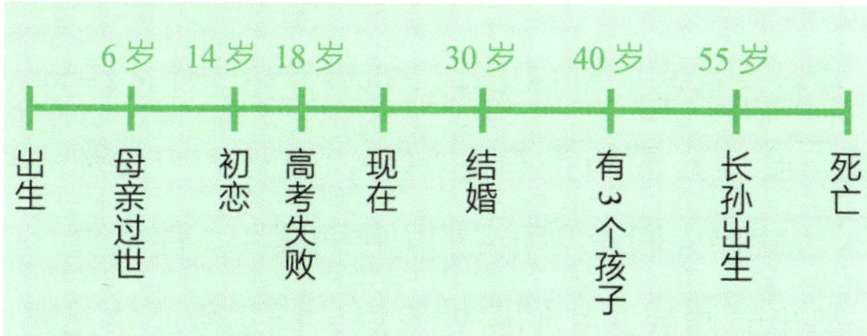

标记方法

按照示例画一条直线，并依次标记下列事项：

1. 出生
2. 死亡
3. 现在
4. 迄今为止发生的，你认为最重要的三件事情
5. 你认为在未来会发生的三件最重要的事情

性别观是如何形成的

在青年期，开始意识到自己的性别角色

在社会或者周围环境中，对男性和女性在行为方式、处事态度等方面所抱有的期待，被称为“性别角色期待”，也就是人们通常所说的男性气概和女性气质。

从小时候起，我们身处家庭、托儿所或幼儿园，便在不知不觉中接受了男性和女性的角色定位：女性在家操持家务、照顾孩子，男性则被认为应在外工作。并且在这个过程中，父母会告诉我们哪种人能在社会上获得更好的发展。

然而，如今我们生活在新时代，不应再局限于“因为你是男性”或“因为你是女性”这样的刻板印象里，而是应该去思考如何作为一个独立个体去生活。

双性化

双性对应的英语为“androgyny”，这个词源于古希腊语，由“andro”（男性）和“gyn”（女性）组合而成，用

来表示一个人同时具备男性和女性的特质。

在人们的刻板印象中，男性特质包括“强壮”“有领导力”“意志坚定”，而女性特质则包括“可爱”“时尚”“文静”。

实际上，有些女性会展现出大量类似男性的特质，而有些男性则会呈现出许多偏向女性的特质。在现代社会，那些兼具男性和女性特质的人往往更容易获得成功。

如今，我们生活在新时代，不再受困于“因为你是男性”或“因为你是女性”这种刻板观念，而是更关注如何作为一个独立个体去生活。

你的性别角色观是什么样的呢？让我们一起来做下面的测试，了解一下吧。

性别角色测试：你是顾家型还是事业型呢

对于下面的观点，你是赞成还是反对呢？请在□中填入相应的数字。

1：完全反对　　2：有点反对　　3：有点赞同　　4：非常赞同

1. 男性应该在社会上努力工作，女性应该负责家务和育儿。□
2. 女性结婚生子后，应该辞掉工作专心育儿。□
3. 女性需要兼顾家务和育儿，所以最适合从事兼职工作。□
4. 培养男孩的男子气概和培养女孩的女子气质很重要。□
5. 女性必须擅长烹饪。□
6. 丈夫可以不做家务。□
7. 女性的幸福就是结婚生子。□
8. 妻子的学历不宜高于丈夫。□

你在上述测试中得了多少分呢？

该测试的得分范围为 8 ~ 32 分。若得分在 25 分及以上，说明你更重视家庭而非事业，具有较强的传统性别角色观念。若得分在 25 分以下，则说明你具有较强的男女平等意识。

男子气概和女子气质是培养出来的

青年期的亲子关系是如何变化发展的

叛逆是走向独立的第一步

小时候，孩子只要看不到妈妈就会哭闹。然而，到了中学阶段，孩子却可能会突然变得沉默寡言，越来越喜欢把自己关在房间里。当父母担心地问“是学校里发生了什么事吗？”“你是不是被人欺负了？”时，孩子有时会烦躁地大吼“烦死了！”家里有青春期孩子的父母，常常会对孩子的变化感到困惑，不知道该如何应对。其实，这种变化在青春期的孩子中极为常见，并非个例。孩子开始反抗、批判父母，这是青春期亲子关系的一个重要特征，同时也是孩子走向独立的第一步。

心理断乳

婴儿从喝奶过渡到能够食用和大人一样的食物，这一过程被称为“断乳”。霍林沃斯借用这一概念，将青春期孩子在精神层面从父母那里独立出来的过程称为“心理断乳”。

在心理上逐渐走向独立的过程中，孩子常常会反抗父母，或者因与父母发生冲突而烦恼不已。这是青少年努力建构不同于父母的价值观、信念以及理想的表现，是极为正常的现象。青少年通过心理上的独立逐渐成长为大人。在这一过程中，他们不再像以前那般依赖父母，而是开始摸索与父母相处的新模式，因此有时会对父母态度冷淡，甚至表现出反抗情绪。与此同时，他们自己也会感到孤独和不安，进而会更深入地增进与那些能产生共鸣的朋友之间的情谊。

父母应成为默默的守护者

面对孩子在成长过程中的变化，父母该如何应对呢？

首先，父母要认识到孩子正在成长，知道现在需要采用与以往不同的方式来和他们相处。

其次，孩子渴望独立，父母应该充分尊重他们的意愿。当发现孩子在成长道路上偏离方向时，父母应以温和的方式提醒或提出建议。

叛逆是走向独立的必经之路

父母应该相信孩子，默默地守护他们的成长

父亲对女儿心理发展的影响

父亲是女儿最亲近的异性

父亲是女儿最为亲近的异性。你和自己的父亲关系如何？是否觉得与他相处有些困难？

我对女儿心目中理想的父亲形象进行了研究，并发表了论文《女儿眼中父亲的魅力》。研究结果呈现了一个有趣的现象：对于年级尚小的女儿而言，父亲最有魅力的关键因素在于“父母关系和睦”。

父母关系对女儿价值观的影响

母亲是女儿最为亲近的同性榜样，因此母女之间的联系是非常紧密的。当看到父亲珍爱母亲时，女儿会憧憬能和像父亲这样的男性伴侣结婚。相反，如果父母关系糟糕，女儿就会对父亲心生厌恶。

此外，在研究调查中，当问女儿们“将来是否想和像父亲一样的男性结婚”时，她们的回答呈现出鲜明的两极分化：一类是“可以”“很想”的肯定回答，另一类是“不想”“绝对不想”的否定回答。

由此可以看出，父亲是女儿最为亲近的异性榜样，其形象既可能是正面的典范，也可能是反面的例子。你的父亲在你心中的魅力值有多高呢？如果你是女儿，不妨做一做下面的两个测试。

女儿眼中的好父亲

你认为下面这些描述与你父亲的形象相符吗？请在□中填入相应的数字，并计算总得分。

1：完全不符合　　2：不太符合　　3：说不好
4：比较符合　　5：完全符合

个人魅力

1. 父亲热爱工作。□
2. 父亲很顾家，对家里的每个人都关心备至。□
3. 父亲总是能为他人着想。□
4. 父亲是家里的经济支柱。□

作为异性的魅力

1. 我为父亲感到骄傲和自豪。□
2. 我觉得父亲穿正装很帅气。□
3. 父亲说话的声音富有磁性。□
4. 父亲在干家务和重活时，很有男子汉气概。□
5. 父亲是我理想中的男性。□

父母亲的关系

1. 父亲很爱母亲。□
2. 父亲和母亲志趣相投。□
3. 父亲和母亲能够坦诚地交流彼此的想法和意见。□

总得分：______

你的得分情况如何？

根据得分情况，能够把女儿眼中的父亲划分为以下三种类型。

- 45 ~ 65 分：觉得很想和像父亲一样的男性结婚。
- 31 ~ 44 分：觉得父亲还不错，也许可以和这样的男性在一起。
- 13 ~ 30 分：觉得父亲没有什么魅力，完全不想跟这样的男性结婚。

女儿的幸福感是否取决于父亲

你与父亲的关系如何？下面的描述符合你的感觉吗？请在□中填入相应的数字，并计算总得分。

1：完全不符合　　2：不太符合　　3：说不好
4：比较符合　　5：完全符合

1. 遇到困难时经常询问父亲的意见。□
2. 痛苦或悲伤的时候常常想起父亲。□
3. 常常希望父亲能够理解你。□
4. 遇到重要的选择时会征求父亲的意见。□
5. 常常希望能得到父亲的鼓励。□
6. 父亲是你的精神支柱。□

总得分：______

若你的得分在 15 分以上，这说明你对父亲的感觉良好，在遇到困难或者面临重要决定时，你会倾向于征求父亲的意见，并且觉得父亲是你坚实的依靠。

我通过研究发现，对父亲抱有积极情感的女性，往往幸福感较高。如果你的得分较低，或许你需要重新关注一下自己和父亲之间的关系了。

女儿选择什么样的人生取决于父亲

1976 年，美国出版了一本名为《职业女性》的书，后来在日本也推出了日文译本。这本书收录了对 25 位任职于美国 100 家顶尖企业的女性高管的采访内容。

作者在对这 25 位女性进行调查后发现，她们要么是独生女，要么在姐妹中排行老大。而且，这 25 人中有 22 人的父亲在经济领域担任高管。此外，她们还有一个共同点，那就是从小就得到了父亲的积极鼓励。例如，父亲会说“在学习这件事情上，男女没有差别，你要好好努力学习”“不管结婚还是不结婚，你都要找到能够独立生活的方式”。

也就是说，如果家庭中没有男孩，父亲在养育女儿时可能不太会受到男女性别角色刻板印象的影响。

日本学者冈崎也关注了这一现象，她采访了 30 位年龄在 50 岁以上的女性，这些女性大学毕业后，经历了工作、结婚、生子，且在生子后依旧继续工作。冈崎询问了她们结婚生子后仍坚持工作的原因。据她们回忆，她们的父亲从未反对过她们接受高等教育以及投身工作，她们一直受到和男孩一样的对待，并被寄予同样的期望。

通常来讲，父亲和女儿的关系相对来说是比较疏远的。但是，父亲对女儿说的寥寥数语却足以影响女儿，激发女儿的上进心，对她们未来的职业规划产生影响。

此外，父亲作为女儿最为亲近的异性，在塑造女儿的男性观方面，也起着榜样的作用。因此，父亲们不妨重新思考一下与女儿的相处方式。

青年期的交友关系有什么特征

交友的意义

你在学生时代有没有能倾诉烦恼的好朋友呢?

日本学者宫下认为，交友对维护心理健康和促进心理成长具有积极意义，主要体现在以下几个方面。

- 向朋友倾诉自己的不安和烦恼，可以稳定情绪，让人感到安心。毕竟，当你发现朋友也有相同的感受时，就会觉得自己并不孤单，心里就会踏实很多。

- 可以更客观地认识自己。通过和朋友交往，可以察觉自身的优点和缺点，进而进行自我反思。
- 可以学习如何与人相处。无论是经历快乐、悲伤，还是有过伤人或受伤的经历，通过这些体验，你可以学会分辨好坏，学会如何关心他人。

工作之后的人际关系大多是基于上下级关系或者利益往来，相比之下，青少年时期建立的友谊显得格外珍贵。这样的友谊是不可替代的，可能是你人生的宝贵财富。

现代年轻人的友情特征

如今，年轻人更喜欢轻松的相处模式，大家在一起开心就好，同时尽量避免彼此伤害。日本学者冈田针对现代大学生的友谊关系进行了研究，并总结了这种关系的三种类型。

- 群体型：经常讲笑话逗对方开心，重视大家在一起的氛围。

- 体谅型：尽量不伤害对方，绝对不会违背彼此之间的约定。
- 回避接触型：不会侵犯彼此的隐私，也不会彼此敞开心扉。

冈田指出："其实，现代年轻人并不是排斥朋友，或许他们渴望的是一种能够真正触及心灵的交流。"因此，与其说年轻人不想与人交往，不如说他们是因为不知如何交往而感到困惑与不安。

你是善于关心朋友的人吗

下面这些描述，和你的实际情况相符吗？请从以下选项中选择对应的数字，填入□中，最后计算出总得分。

1：完全不符合　2：不太符合　3：说不好
4：有些符合　5：非常符合

1. 经常关注对方的想法。□
2. 尽量避免伤害对方。□
3. 即便牺牲自己的利益，也会为对方付出。□
4. 绝不违背彼此之间的约定。□
5. 在意朋友圈里其他成员对自己的看法。□
6. 绝不做对朋友们不利的事情。□

得分范围在 6 ~ 30 分之间。如果你的得分在 20 分以上，说明你是一个非常关心朋友的人。

什么是爱情

“喜欢”和“爱”的区别

喜欢与爱，究竟有什么不同呢？

一般而言，恋爱关系是从朋友关系发展而来的。起初，两个人可能只是见面聊聊天，随后慢慢地开始彼此倾诉烦恼，甚至会分享连父母都不知道的事情，就这样感情逐渐升温，进而发展成了恋爱关系。

爱情就是这样产生的。但是，你有没有过这样的感觉呢：“我喜欢那个男（女）生，但我并不爱他（她）。”

美国社会心理学家鲁宾提出了区分“喜欢”和“爱”的标准。

具体可以参考“恋爱小测试”。我们挑选了一些可以同时测量这两种情感的项目作为示例。如果你正在为爱情而烦恼，不妨测试一下你对某人的情感状态。看看“喜欢”和“爱”哪边的标记更多。

约翰·李的爱情分类理论

加拿大心理学家约翰·李将爱情分为以下六种类型，分别是游戏之爱、依附之爱、现实之爱、情欲之爱、友谊之爱、利他之爱。你的爱情属于哪一种呢？

恋爱小测试

你对某人的感情是“喜欢”还是“爱”呢？请在与你的感受相符的选项框里打“√”。

喜欢

□ 1. 我想成为像某人那样的人。
□ 2. 我和某人有许多相似之处。
□ 3. 某人是一个非常好的人。
□ 4. 某人备受大家的尊敬。
□ 5. 要是进行班干部选举，我会投某人的票。

爱

□ 1. 如果某人情绪很低落，我会第一个跑去安慰他 / 她。
□ 2. 为了某人，我愿意做任何事情。
□ 3. 独处的时候，我会格外想念某人。
□ 4. 和某人在一起时，我会忍不住盯着他 / 她看。
□ 5. 如果没有收到某人的信息，我会感到很失落。

勾选“√”个数比较多的那一栏，就表示你现在对某人的感情状态哦。

恋爱中情侣的心理

俗话说“恋爱使人盲目”，想必你对此也深有体会。日本学者诧摩指出，情侣的心理状态有两大特点：第一个特点是会美化自己的恋人；第二个特点是喜欢模仿恋人的行为，这种现象称为“同调作用”。

情侣关系是年轻人最亲密的人际关系。为了让对方了解自己，个体会努力展示自己的魅力。同时，也会尽力去理解对方的感受。这种为了增进彼此理解而付出的努力，会极大地推动个人成长。

日本青年和美国青年的意识有何不同

日本青年的独立意识较低，与父母的关系较为疏远

日本人和美国人的国民性有哪些不同呢?

不少专家指出：与美国人相比，日本人的独立意识较低，依赖心理较强；日本是集体主义国家，而美国是个人主义国家；日本是一个依赖型社会。

我关注了这一现象，并为此开展了一项针对日美青年心理的问卷调查研究。这项研究主要探讨了两国青年与父母亲的情感联系，独立意识以及依赖意识的差异。

研究结果表明，在日本男大学生、日本女大学生、美国男大学生、美国女大学生这四组对象中，日本男大学生在与父母的情感联系方面相对较弱。与之形成对比的是，美国的男大学生和女大学生都呈现出与父亲情感联系较强的特征。此外，该研究还通过下面的“独立意识小测试”调查了日美大学生的独立意识。调查结果显示，美国大学生的独立意识明显高于日本大学生。总体而言，日本青年的独立意识低于美国青年，而且他们与父母的关系，尤其是与父亲的关系更为疏远。

那么，你的独立意识如何呢？不妨试试下面的独立意识小测试吧！

独立意识小测试

下面这些描述与你自身的情况相符吗？请在□中填入相应的数字，并计算总分。

1：完全符合　　2：不太符合　　3：说不好

4：有点符合　　5：非常符合

1. 我已经确定了将来想要从事的职业。□
2. 大事和小事，我都能自己做主。□
3. 我认为人生中的很多困难，都可以依靠自己的力量来克服。□
4. 我能够自己决定未来的发展方向和目标。□
5. 我认为自己能够独立生活并实现经济独立。□
6. 我能够为自己的决定负责，并将其付诸行动。□
7. 我已经找到了自己真正想做的事情。□
8. 即使周围人的意见与我不同，我也能够坚持做自己认为正确的事情。□
9. 我不会因为无法表达自己的意见而顺从对方。□
10. 我相信自己能够凭借个人力量实现人生目标。□

上述 10 项，你的总得分是多少呢？

总分的范围在 10 ~ 50 分之间。据统计，在这项测试中，日本青年男女的平均得分是 21 分，而美国青年男女的平均得分是 25 分。

我胖吗？——变瘦愿望里隐藏的心理动机

有些人起初或许只是想稍微控制一下饮食，然而过程逐渐失控，最终引发连自己都始料未及的疾病——进食障碍。

进食障碍包括神经性厌食症和神经性贪食症这两种疾病，在青春期女性中较为常见。

神经性厌食症也称为拒食症，其发病过程通常是：先是因没有食欲而减少进食，然后身体机能随之下降，甚至出现闭经现象。这种疾病会逐渐损害身体健康，但患者通常不觉得自己有问题，这也是该疾病的一个典型特征。

神经性贪食症也称为情绪性进食，患有这种疾病的人，常常会去便利店采购大量零食，一直吃到恶心，然后通过反复呕吐或腹泻来缓解不适。在这个过程中，很多患者会变得无精打采、情绪低落，并且能意识到自己行为异常。从表面上看，这两种病症截然相反，但实际上存在共通之处。比如，病情会不断变化，患有厌食症的人可能会发展成贪食症，反过来，患有贪食症的人也可能会发展成厌食症。

进食障碍通常是多种因素共同作用的结果。患者大多是十几岁到二十几岁的女性，她们中的大部分人起初是为了减肥瘦身而开始节食，最终却导致饮食失调，进而发展成进食障碍。

为什么会产生进食障碍呢？实际上，患有进食障碍的人往往存在一些相似之处。例如，她们多为乖孩子或家中长女，具有完美主义倾向、行事较真、对自己的外貌有某种自卑感，等等。很多女性从小乖巧听话，对待任何事情都认真负责，是典型的乖乖女。这类女性往往容易因为减肥而导致饮食行为出现异常。

放下乖乖女的包袱，走出舒适区，拥抱自由而真实的自己，这或许是摆脱进食障碍的重要途径。

第6章

成人期的发展

成人期是个体一生中的中间阶段。在这一阶段，可以驻足，回顾和品味自己的人生。那么，个体在成人期又是如何发展的呢？

中年期就像人生正午的太阳

荣格认为中年期就像人生正午的太阳

荣格从精神分析的角度阐释了人的一生，1933 年发表研究论文《人生阶段》。他把人的一生比作一天中太阳的变化，比如将 40 岁左右的中年期，形象地比作“人生的正午”，恰似太阳升到头顶的时刻。中年期宛如人生正午的太阳。

当太阳过了头顶，影子会投向相反的方向。荣格指出，中年期的变化，对个体之后的人生影响重大。这暗示着个体在人生前半段秉持的理想和价值观，可能会发生逆转，甚至在人生后半段，会首次接触到与以往截然不同的价值观。

进入中年期后，个体常常会遇到人生的转折点。例如，可能会面临父母去世，或者自己生病等突然的变故。荣格认为，在自我实现的过程中，变化是不可避免的，他将这个变化过程称为“个性化过程”或“自我实现的过程”。

在现代社会，人类的平均寿命达到了 80 岁。40 岁时，就像太阳升到了头顶一样，接下来个体即将面临各种各样的变化和挑战。如何从容地应对这个充满变化的过程，是中年人的一大课题。倘若把这一过程看作实现自我的一个途径，那么中年以后的人生，或许会比年轻时充满希望和乐趣。

中年就像人生正午的太阳（荣格的人生阶段划分）

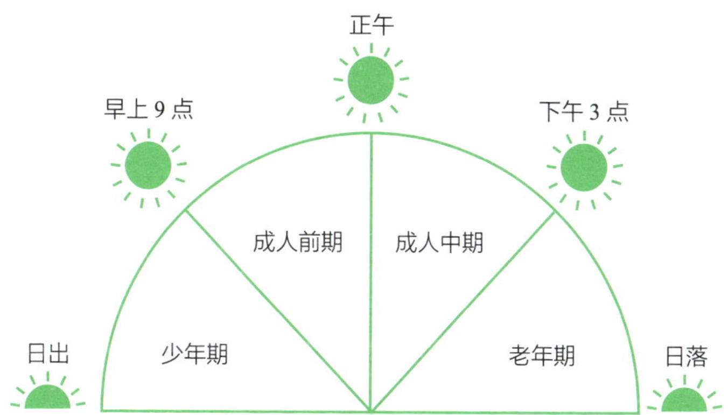

成年人的自我探索——成人期身份认同的重构之路

随着人均寿命达到 80 岁，越来越多的人步入中年后开始思考身份重构的问题。

日本学者冈本专注于中年女性身份重构的研究。他指出，中年期的心理变化包括消极和积极两个方面。消极的变化包括：（1）感觉体力衰退，身体状况大不如前；（2）对时间的感觉发生了变化，觉得时间变短变少，甚至感觉时间发生了逆转；（3）意识到自己的创造力越来越有限；（4）害怕面对衰老与死亡。而积极的变化则体现为自我认同感越来越确定和稳定。

最近，很多中年女性会在育儿告一个段落后，开始回顾过往人生，重新审视自己的生活方式、世界观和价值观，努力寻找全新的自我。

成人期，生活结构会发生重大变化

莱文森将人生比作四季

莱文森出生于纽约，大学就读于加州大学伯克利分校。毕业后至 1990 年，他一直都在耶鲁大学任教。1978

年，莱文森出版了著作《人生四季》。正如书名所示，他将人生比作四季：儿童期和青年期是春天，成人前期是夏天，成人中期是秋天，老年期则是冬天。此外，在书中，莱文森还对年龄在 33 ~ 40 岁的工人、管理人员、生物学家和小说家（每种从业人员各选取 10 名男性）进行了访谈调查，并提出了生命周期理论。

莱文森的成人期发展阶段论

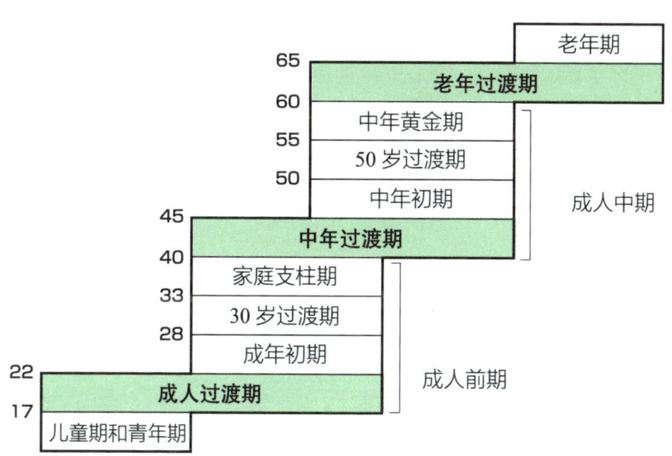

莱文森指出，生活结构往往呈现出稳定时期和变化时期交替出现的现象，这两种时期中间的时期是过渡期。所谓生活结构，是指某一时期某人生活的基本模式。莱文森提出，可以从社会－文化环境（阶层、宗教、民族、家庭、政治体制、职业）、自我以及对外界的参与这三个维度对生活结构进行阐释。

成人期是人生中最长的一段时期，在这一阶段，我们会经历许多转折点。在人的一生中，生活结构会多次发生变化，而要适应每一次的新环境，至少需要经历 4～5 年的过渡期。能否顺利度过过渡期，决定了下一个生活结构是否稳定。

随着人类寿命的延长，人生中的转折点也会相应增多。因此，我们需要培养更强的适应环境变化的能力。

女性的生活结构比男性更复杂

莱文森的人生发展阶段论主要基于男性的经历与特点提出。1996 年，他通过访谈法对女性成人期的发展阶段进行了研究，并发表了著作《女性的人生四季》（*The seasons of a Woman's Life*）。

在书中，莱文森重点关注女性对生活方式的选择：是选择成为家庭主妇，还是选择外出工作。调查结果显示，女性生活结构的变化过程与男性存在相似之处，同时，莱文森指出，婚姻和生育对女性生活方式的改变更为显著，相较于男性，女性的生活结构也更为复杂。

未婚化和晚婚化现象加剧

未婚化的原因

在现代社会，日本的未婚化和晚婚化现象愈发普遍。根据小泉内阁电子杂志《第三次政策问卷调查》（2005 年 7 月）中一项关于未婚化原因的调查，排在前四位的原因依次是：婚姻观的变化（67.6%）；单身生活更舒适（5.2%）；经济上缺乏安全感（47.0%）；对如何平衡家庭与事业表示担忧（0.9%）。

那么，人们的婚姻观，发生了什么样的变化呢？其中一个较为显著的表现是，家庭中夫妻角色分工意识，即性别角色意识发生了改变。例如，越来越多的女性不再认同“男主外，女主内”的传统观念了。

这是由于在现代社会，女性和男性接受着相同的教育，性别不再是决定职业的唯一标准，越来越多的女性希望婚后能继续工作。

此外，想结婚却又不想失去自我的女性数量也在增加。她们认为，如果因为育儿而不得不放弃自己的事业，那么选择单身或许是更好的选择。又或者，即便结了婚，也可以选择不要孩子。

埃里克森指出，在 25 ~ 35 岁这个人们开始考虑婚姻的阶段，如何建立亲密关系是一项十分重要的发展任务。所谓亲密关系，指的是在身体、认知和情感上接近异性，向对方敞开心扉，分享自己内心深处的情感。埃里克森还指出，夫妻之间的亲密关系并不是通过结婚立即建立起来的，而是在孩子出生后，随着两人关系的加深，才得以真正建立起来的。

然而，令人担忧的是，随着未婚化和晚婚化现象的加剧，亲密关系的建立和发展也会随之延缓。

现代女性的择偶标准

20 世纪 80 年代末，在日本泡沫经济全盛时期，日本女性心目中的择偶标准被称为“三高”，即高学历、高收入和高身高。

但是，根据日本学者小仓的研究结果，进入 21 世纪后，女性的择偶条件已经转变为“3C”，即舒适（comfortable）、好沟通（communicative）和好合作（cooperative）。其中，舒适是指经济收入良好，足以维持现有生活水平；好沟通是指价值观和生活方式相同，能交心；好合作则是指愿意积极参与家庭和育儿，能够主动承担家务。

为人父母后，人会发生什么变化

有了孩子后，父母的意识才开始萌芽

结婚生子是一件极为常见的事情，然而至今为止，关于这一过程中心理层面的研究少之又少。基于上述背景，我对为人父母后的心理变化过程进行了考察和研究。调查结果显示，夫妻双方都期待孩子的到来，同时他们又都对孩子是否健康，以及如何照顾孩子（比如给孩子喂奶、洗澡等）感到担忧。在准爸爸群体中，存在这样一种倾向，即他们认为自己是家庭的唯一支柱，并且相较于妻子，他们更有信心成为一名好父亲。

相比之下，准妈妈们对即将为人母这件事，有着比丈夫更为真切、深刻的感受。而且，准妈妈们认为，为人母能够促进自身人格的成长，让自己更加成熟。当然，她们普遍也会对怀孕导致的行动不便和繁重的家务等情况表现出一些担忧。

随着年龄的增长，人的柔韧性和自制力不断增强

为人父母并养育孩子，可以说是实现繁衍的一种重要方式。过去的发展观念认为，人在成年之后，人格会趋于稳定，即便年龄持续增长，人格也不会再有明显的变化。然而，巴尔特斯提出，人的一生都在持续发展之中，衰老也应被看作发展的一部分，这种新观点逐渐被广泛认可。温克和赫尔森指出，人的合作能力、社会性以及诚实度（体现为责任感和自制力）会随着年龄的增长而提升。麦卡利则表明，人的开放性（即好奇心）会随着年龄的增长而逐步降低。这些研究都表明，随着年龄的增长，个体依旧在经历着各种各样的变化。

那么，为人父母这一经历是否会对人格的变化产生影响呢？日本学者柏木和若松对为人父母后个体的变化与发展状况展开了研究。研究结果显示，为人父母后，个体变得更为灵活，看待事物的视野更为广阔，自制力也有所提高。此外，个体更容易接受现实，倾向于认为一切都是命运的安排。相较于父亲，这些变化在母亲身上表现得更为明显。

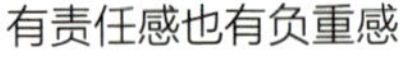

自信满满

为什么存在虐待儿童的现象

虐童父母数量持续攀升

近年来，日本虐童事件频繁发生，这一问题已引发广泛关注，亟待社会各界共同采取有效措施加以防治。2000 年，日本儿童咨询所接到的虐童咨询案件数量为 17 725 件，到 2018 年，这一数字已飙升至 159 850 件。早在 40 多年前，美国儿科医生亨利 · 肯普（Henry Kemp）就提出了“受虐儿童综合征”这一概念。如今，虐待儿童问题已成为备受关注的社会问题。日本近年来发生的虐童事件数量呈持续增长的态势，同样令人警醒。

虐待的定义

2000 年，日本颁布了《儿童虐待防治法》，该法将监护人（包括行使亲权者、未成年监护人或其他实际监护儿童的人）对其监护的 18 岁以下儿童实施的以下行为，定义为“虐待”。

- 身体虐待。对儿童身体施加可能导致伤害，或存在伤害风险的暴力行为。
- 性虐待。强迫儿童发生性交、实施性暴力，或迫使儿童进行的其他性行为。
- 心理虐待。通过辱骂、歧视等行为，对儿童心理造成创伤。
- 忽视。不向儿童提供食物等基本生活保障，导致儿童身体健康遭受损害。

那些曾经遭受父母虐待的孩子，即便身体上的伤口已经愈合，心理创伤也可能长期留存，甚至发展为创伤后应激障碍（PTSD）。这种深层次的伤害，常常导致孩子在童年或青春期出现一些过激行为。例如，研究显示，分离性身份识别障碍（即多重人格）与儿童时期遭受虐待存在一定的关联。

父母自身的压力是导致施虐行为的主要原因之一

父母为何会伤害自己本该疼爱的孩子呢？日本学者谷村指出，母亲在育儿过程中积累的压力日益增大，抑郁倾向逐渐加重，导致越来越多的母亲将孩子当作情绪发泄的对象，进而出现虐待行为。

此外，古村还指出，虐待行为常存在代际传递现象。很多施虐的父母，自己小时候也曾经遭受过类似的伤害。

日本学者藤田和松冈指出，当孩子受到本应关爱自己的父母的伤害时，这种经历会让他们形成一种认知，即亲近的人可能会伤害或抛弃自己，而这种想法会阻碍他们建立基本的信任关系。

这种观点源于班杜拉提出的社会学习理论。简单来说，该理论指的是如果一个人在成长过程中经常遭受父母的暴力，那么当他成为父母后，也可能会不自觉地重复这种暴力行为，进而虐待自己的孩子。

虐待孩子的母亲，往往与自己的母亲缺乏稳定的依恋关系，她们在童年时期没有建立起埃里克森所说的“基本信任”，也就是那种对他人完全信赖的能力。因此，这些母亲常常不知道如何与自己的孩子相处，亲子关系充满不稳定性。这种扭曲的人际关系可能会跨越代际延续，最终演变成虐待行为。

有了孩子后，夫妻关系会发生什么变化

妻子容易变得烦躁，丈夫则倾向于隐忍

有了孩子后，夫妻关系会发生什么变化呢？很多家庭在迎来了小孩后，夫妻之间会用家庭角色（比如妈妈、爸爸）来称呼彼此。

我对一对刚迎来孩子的夫妻开展了长达四年的跟踪调查，主要考察和研究孩子出生后他们夫妻关系的变化情况。结果显示，无论是男性还是女性，在有了孩子之后，夫妻之间的亲密程度（这里指相处和谐融洽的状态）

较婚前都有所降低。而且，有了孩子之后，妻子的固执程度逐渐增加。这主要是由于妻子作为母亲，承担了较多的育儿事务，在育儿过程中容易感到烦躁，对丈夫的一些小失误也更容易情绪化。与此同时，即便丈夫对妻子感到不满，也倾向于选择隐忍。

那么，为什么有了孩子后夫妻之间的亲密程度会下降呢？对于妻子而言，丈夫未能积极参与育儿是导致亲密性下降的主要原因；而对于丈夫来说，妻子因育儿疲劳而变得容易烦躁则是导致亲密性下降的主要原因。妻子希望丈夫能分担育儿事务，但如果丈夫不配合，妻子就会变得更加固执和烦躁。看到妻子烦躁的样子，丈夫可能会在心里想："她以前可不是这样子的……"想知道你和另一半的关系处于何种状态吗？快来完成下面的测试吧！

你和另一半的关系怎么样

下面的描述符合你们的情况吗？请在□中填入相应的数字，并计算总分和平均得分。

1：完全不符合　　2：不太符合　　3：有点符合　　4：非常符合

I. 亲密程度

1. 我和另一半相处融洽。□
2. 我会依赖另一半。□
3. 我在另一半面前可以自由地做自己。□
4. 我会对另一半撒娇。□
5. 我会和另一半开玩笑或说俏皮话。□
6. 另一半不在身边时，我会感到很寂寞。□

□总分 ÷ 6= 平均分 □

II. 隐忍程度

1. 我会看另一半的脸色行事。□
2. 另一半有反对意见时，我会压抑自己的想法。□
3. 如果另一半感到不快，我也会隐忍。□

□总分 ÷ 3= 平均分 □

III. 固执程度

1. 对另一半的失败或错误，我很难容忍。□
2. 面对另一半，我会变得很固执。□
3. 即使和另一半吵架，我也不会变得情绪化。□

□总分 ÷ 3= 平均分 □

IV. 冷静程度

1. 当另一半难以抉择时，我会给予指引。□
2. 我能冷静地看待另一半的行为。□

□总分 ÷ 2= 平均分 □

图 6–1 是一组关于孩子出生后夫妻关系变化的图表，大家可以根据自己的得分情况，进行参考对照。

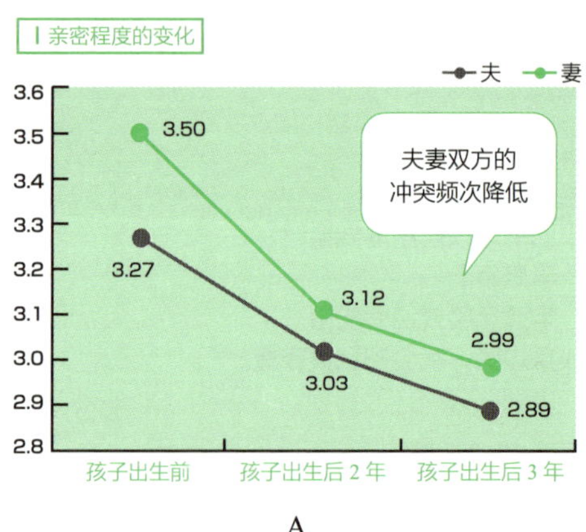

A

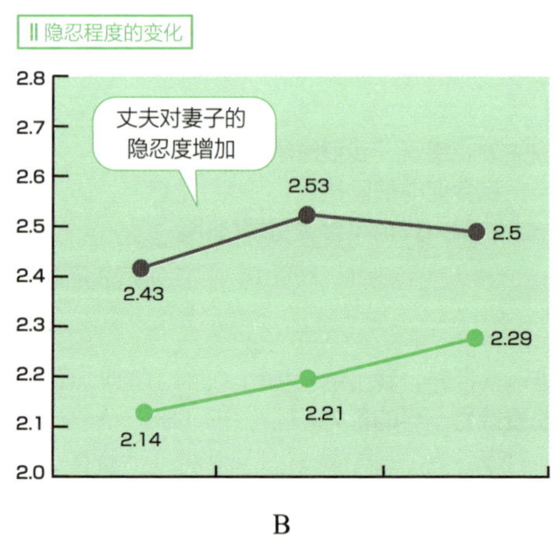

B

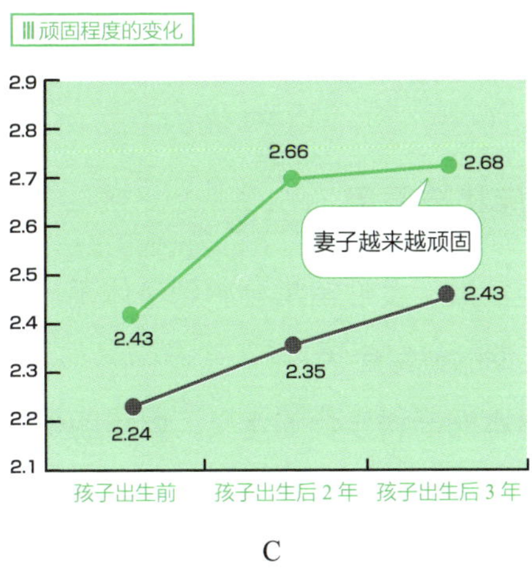

C

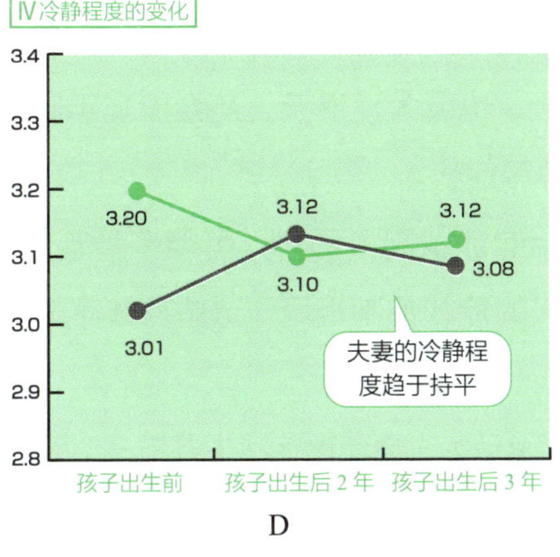

D

图 6–1　孩子出生后夫妻关系的变化

更年期心理和生理的变化

更年期的症状与原因

进入更年期，女性常常会感到身体潮热、盗汗，这些都是更年期的典型症状。

根据日本妇产科学会的定义，更年期是指女性生殖功能从旺盛到完全丧失的过渡时期，卵巢功能开始减退直至消失。女性平均绝经年龄为 50 ~ 51 岁，因此我们通常将绝经前后五年，即 45 ~ 55 岁的时期称为更年期。

在更年期，身体会出现各种各样的症状。例如，即便不是夏天，也会大汗淋漓，还会出现手脚冰凉、入睡困难、心悸等症状。

更年期的症状因人而异，可能多种症状同时出现，也可能每天的症状都不相同，这些身体不适让很多女性深受困扰。

我们通常认为，更年期症状主要与三个因素密切相关：（1）绝经过程中，卵巢分泌的雌激素逐渐减少；（2）社会和文化环境因素；（3）不同性格所导致的心理压力。

平稳度过更年期的秘诀，在于凡事不要过于纠结

2007 年，我和日本学者阪田针对 35 ~ 55 岁的中年女性展开了一项问卷调查，主要考察和研究健康状况与对更年期的认知两者之间的关系。

调查结果显示，有过觉得自己处于更年期这种感受的女性，在 35 ~ 39 岁的年龄段中占比 25%，在 40 ~ 44 岁的年龄段中占比 48.9%，在 45 ~ 55 岁的年龄段中占比 61.1%

正如所预期的那样，随着年龄增长，女性的更年期意识逐渐增强。然而，出乎意料的是，在 30 ~ 39 岁的女性中，竟有 25% 的人觉得自己正处于更年期。

我和日本学者阪田对问卷调查结果做了进一步分析后，发现了一个有趣的现象：意识到自己处于更年期的人群中，越是遇事不纠结的人，幸福感越高，详见图 6–2。

虽然当人察觉到更年期带来的身体不适时，情绪也容易随之低落，但凡事不过于纠结，积极向上地过好每一天，会让人生更加快乐。

此外，对家庭生活的满意度和对经济条件的满足感也会影响人们对幸福的感知。

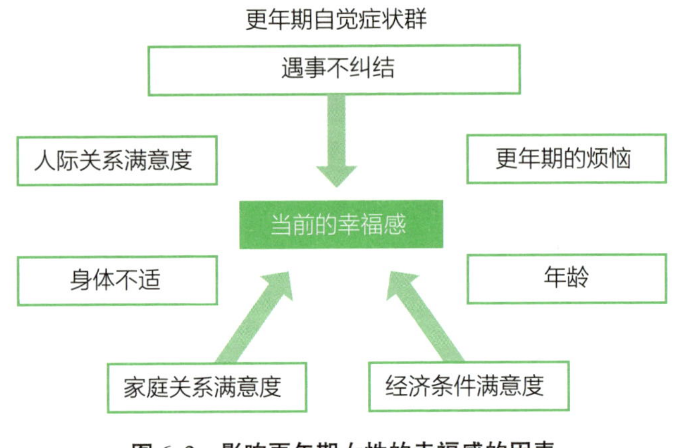

图 6–2　影响更年期女性的幸福感的因素

人如何面对失去

黑克豪森的生命周期控制理论

随着年龄的增长，我们的记忆力和体力逐渐衰退，这是无法避免的事情。在衰老的过程中，总会有各种各样的“失去”，我们要学会应对这些情况，并学会与之和谐相处。

为了更好地接纳这些失去和变化，人们逐渐摸索出了方法与策略。德国心理学家黑克豪森用“发展性控制行为阶段模型”这一稍显复杂的概念来解释这一过程。简单地说，步入中年，人们常常会在日常生活中无意识地改变追求目标的方式，或对目标进行取舍。

在这个过程中，存在两种行为控制方式：一级控制和二级控制。一级控制是指直接对周围的环境施加影响，试图改变环境以符合自己的期望，比如学习新技术、向他人寻求帮助。二级控制则是对自己的内心施加影响，调整自己的目标和愿望，比如将年轻时的慢跑改为步行，但仍然保持运动的习惯。黑克豪森指出，一级控制是各个年龄段的人都会采用的策略，但到了中年时期，人们则更多地采用二级控制策略。

中年时期恰好是人生的一个转折点。在这之后，自己在各个方面仍然存在着继续成长的可能性，但与此同时，时间的流逝也使得实现年轻时的理想变得越来越困难。

因此，中年时期是一个不断面临选择的阶段：是继续坚持，还是放弃？在选择的过程中，人们会借助一级控制和二级控制策略，寻找最适合自己的生活方式。

繁衍

在埃里克森人格发展八阶段理论中，“繁衍”（generativity）被视为继亲密性之后的一个阶段。

所谓繁衍，指的是积极地孕育并培养下一代。这一过程体现为父母充分运用和发挥自身的能力、技能与创造力来养育子女，进而为社会发展做出贡献。

对于已婚却无子女，或者保持单身的人来说，即便不是自己的孩子，同样能够通过参与下一代的教育、关心下一代，以及与下一代建立联系等方式，实现生命的延续。

家庭暴力

家庭暴力（domestic violence，DV），是指发生在家庭内部的暴力行为。DV 主要是来自配偶（包括事实婚姻关系中的配偶）或前配偶的暴力行为，这种行为包含身体暴力、精神暴力和性暴力等。1998 年，夫妻之间的暴力行为被明确界定为犯罪行为。

那么，DV 是怎么产生的呢？日本心理学家大渊从“冲动性攻击”这一概念出发，阐释了 DV 的发生机制。大渊指出，像 DV 这样的冲动性攻击行为具有以下两个特征：其一是非挑衅性，即在正常不会引发攻击的情境中，施暴者却表现出攻击性；其二是非功能性，即攻击行为并不能解决任何问题。

施暴者在外面往往表现得和蔼可亲。美国临床法医心理学家沃克指出，对妻子施暴的丈夫通常具有以下特征：（1）自我价值感低落；（2）秉持男权主义，过度强调家庭中男性的性别角色；（3）存在病态的嫉妒心理；（4）借酗酒来发泄压力，并借此虐待妻子。他们在外面克制自己的情绪，却将压力转嫁到妻子身上。

那么，为什么众多遭受DV的女性不选择逃离呢？原因很可能是她们害怕逃离后遭到追杀，或者陷入了习得性无助状态，觉得无论怎么努力都无法摆脱困境。还有一些女性可能错误地将暴力视为一种爱的表达，或是期待丈夫有朝一日能够改变，从而选择默默忍受。如果家中有孩子，孩子的安全、教育以及经济问题等诸多问题相互交织，会让情况变得更为复杂。如果孩子从小目睹父亲对母亲施暴，很可能对其身心发展产生不良影响。

总之，无论出于何种缘由，施暴行为都是不可取的。

第7章

老年期的发展

在老年期，个体会经历生理和心理上的各种变化。本章将详细探讨老年期生理和心理的发展和变化。

从多少岁开始称为老年人

老年人是指 60 岁及以上的人群

通常来说，老年人指的是 60 岁及以上的人群。不过，“老年人”这个说法是近年来才逐渐普及的。在过去，人们更习惯用“老人”这一称呼。说到“老人”，很多人脑海中便会浮现出颤颤巍巍、拄着拐杖的年长者形象。实际上，“老”是一个象形文字，其古字描绘的正是一个弯腰驼背、拄着拐杖的年长者。

从法律层面来看，究竟多少岁才开始被界定为老年人呢？在日本，65 岁及以上的人被称为老年人。其中，65 ~ 74 岁被称为老年前期，75 岁及以上则被称为高龄老人。2014 年日本发布的《老龄社会白皮书》的数据显示，2015 年处于老年前期的男性有 810 万人，女性有 898 万人，占总人口的 13.4%；男性高龄老人有 612 万人，女性有 979 万人，占总人口的 12.5%。此外，65 岁以上人口占总人口的比例（即老龄化率）已经上升到 26.0%，前一年为 25.1%，这充分表明日本的老龄人口数量正在持续增长。

展望未来，尽管日本总人口预计会减少，但老龄化率将持续攀升。据推算，到 2060 年，每 2.5 人中就有一人处于 65 ~ 74 岁的老年前期，每 4 人中就有一人是 75 岁及以上的高龄老人。

到 2055 年，女性的平均寿命是 90 岁

日本是全球人均寿命最长的国家。据 2015 年的数据显示，日本男性的平均寿命为 80.21 岁，女性的平均寿命为 86.61 岁，未来这一数字还有可能进一步增加。到 2055 年，男性的平均寿命预计将达到 83.7 岁，女性的平均寿命将达到 90.3 岁。

老年人的寿命在不断延长

独居老年人数量呈上升趋势

如今，老年人通常和谁一起生活呢？

在 1980 年，日本约 70% 的老年人与子女同住。到了 1999 年，这一比例已经下降至 50%，到了 2005 年，更是进一步下降至 45.0%。

此外，2005 年的数据显示，在 65 岁以上的老年人中，男性有配偶的比例为 81.8%，而女性有配偶的比例仅为 47.1%。这意味着，大约每两位老年女性中就有一位处于丧偶或离异的状态。越来越多的老年人，尤其是女性，即便育有子女，她们也不再选择与子女同住，而是更倾向于独自生活。

老年人也在成长和发展吗

应对新情况的能力逐渐减弱

随着年龄的增长，记忆力会逐渐衰退，人会变得健忘。实际上，很多人都有过类似的经历。

美国心理学家卡特尔认为，智力可以分为流体智力和晶体智力。流体智力是基于大脑神经功能的先天能力，主要用于处理未知问题。例如，瞬间记忆这类的工作记忆就属于流体智力。然而，随着年龄的增长，流体智力会逐渐下降，如图 7–1 所示。

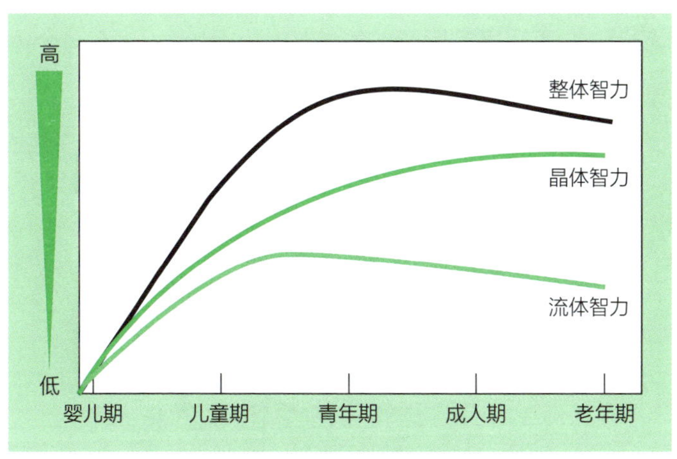

图 7–1　流体智力和晶体智力的发展变化模式

晶体智力不因年龄增长而退化

相比之下，晶体智力是通过教育、学习以及生活经历等社会文化经验不断积累而发展起来的能力，通常不会随着身体的衰老而下降。我记得曾经有一本书，书中汇集了“奶奶的生活智慧”，内容包括家务小妙招和生活小窍门，这些都属于晶体智力的范畴。晶体智力涵盖实践知识、问题解决能力以及借助过往经历来丰富人生的能力。通常情况下，晶体智力受个体的教育经历、健康状况和生活环境等因素的影响较大，因此，在不同个体间存在差异。

日本的老年人很健康

2006 年，日本内阁实施了“关于老年人生活与意识的国际比较调查”项目。该项目对美国、法国、韩国、德国和日本 60 岁以上老年人的健康意识进行了对比考察与分析。结果显示，在这五个国家中，认为自己很健康的日本老年人占比最高，达 64.4%，其后从高到低依次为美国、法国、韩国和德国。此外，在“经常生病卧床”的老年人比例方面，韩国最高，日本最低。

由此可见，日本老年人的健康状况普遍优于调查中的其他国家，并非刻板印象中“容易生病、健忘和孤独”的形象。

随着年龄的增长，记忆力会发生变化

根据时间长短，记忆可以分为三种类型

随着年龄的增长，你可能会发现自己越来越健忘。例

如，“刚才电视上的那个人是谁来着？”“啊，那个——”“对，就是那个——那个——”，像这样想不起来事情的对话会越来越多，而这正是记忆力下降的表现。

根据时间长短，记忆可以分为三种类型：瞬时记忆、短时记忆和长时记忆。瞬时记忆是指感官系统接收到外界刺激后，短暂保留这些刺激信息的记忆类型。视觉刺激信息通常可以保存 1 秒，而听觉刺激信息则可以保存数秒。短时记忆是指保留时间为 15 ~ 30 秒的记忆。长时记忆是指信息一经存储，便可以永久性留存的记忆，并且长时记忆还可以进一步分为三种类型。

- 语义记忆：指对事物名称、人名等信息的记忆。
- 情景记忆：指与特定时间、特定地点所经历的事件相关的记忆。比如，记得昨天晚餐吃了什么，同时能想起用餐的时间、地点等相关信息。
- 程序记忆：指在掌握骑自行车、游泳这类具体技能，或是学习外语等认知技能过程中发挥作用的记忆。

随着年龄的增长，人的记忆力都会下降。但是，我们可以通过一些方法来延缓这种衰退。

认知功能障碍是一种什么样的疾病

认知功能障碍

近年来，“老年痴呆症”这一叫法逐渐被“认知功能障碍”所替代。这是因为“老年痴呆”这一叫法被认为带有歧视性，是对老年人的不尊重。因此，从 2004 年 12 月起，日本厚生劳动省[①]发文，将相关表述统一改为“认知功能障碍”。

那么，认知功能障碍是一种什么样的疾病呢？它与阿尔茨海默病有什么区别？

认知功能障碍的特征是智力和社会生活能力逐渐下降，甚至对日常生活造成严重影响。具体而言，认知功能障碍是指因大脑或身体上的疾病，致使记忆力和判断力等后天获得的智能出现减退，进而无法开展日常生活。

表 7–1 为长谷川简易智能评估量表修订版（HDS-R）的项目例示，该量表可用于检查是否患有认知功能障碍。

① 日本负责医疗卫生和社会保障的主要部门。——译者注

表 7–1　　长谷川简易智能评估量表修订版（HDS-R）例示

1. 你今年多大年纪了
2. 今天是哪一年的几月几日？星期几
3. 我们现在所在的地方是哪里
4. 请重复我接下来要说的三个词（例如：汽车、电视、狗）
5. 请从 100 开始，连续依次减去 7
6. 请倒着说出我接下来要说的数字（例如：6–8–2、3–5–2–9）
7. 请再说一遍刚才让你记住的词（例如：汽车、电视、狗）
8. 我将展示五件物品，然后把它们藏起来，请说出你刚才看到了哪些物品（例如：手表、钥匙、香烟、钢笔、硬币等）
9. 请尽可能多地列举出你所知道的蔬菜名称

在过去，认知功能障碍曾被认为是一种随着衰老而产生的自然现象，然而如今，医学界已认定，它是由大脑的基础疾病引发的。引发认知功能障碍的大脑疾病，包括阿尔茨海默病和血管性认知障碍。

阿尔茨海默病

阿尔茨海默病这一名称源于 1906 年。当时，医生阿尔茨海默在对一位因认知功能障碍离世的女性的大脑进行研究时，发现大脑组织中存在异常的细胞团块和不规则的结节。如今，这些团块（被称为斑块）和结节（被称为缠结）被认为是阿尔茨海默病的特征性病理改变。随着病情的发展，大脑中的神经元会逐渐死亡，神经递质的量也会减少，进而导致大脑的信息传导出现功能性障碍。

阿尔茨海默病的具体症状如下：

- 记忆力逐渐减退，甚至会忘记家人的名字；
- 难以找到恰当的词语来表达自身想法，致使无法连贯地进行对话；
- 丧失方向感和时间感，即使在熟悉的区域也会迷路；
- 丧失判断力，例如不知道水烧开时该如何处理，进而引发安全隐患；
- 无法完成熟悉的任务。例如，完全忘记几十年来一直很熟悉的烹饪流程，甚至对自己平常的刷牙习惯都感到陌生；

- 性格突然发生变化，常伴有抑郁症状，情绪起伏不定。随着病情的加剧，可能出现躁动不安或攻击性行为。

血管性认知障碍

血管性认知障碍，是指由于大脑供血动脉变窄、闭塞，或大脑内部血管阻塞引发的脑梗、脑出血或蛛网膜下腔出血，进而导致的认知障碍。这种疾病有的会突然发作，有的则可能慢性恶化，且与阿尔茨海默病在鉴别上存在较大难度。在认知功能障碍症中，血管性认知功能障碍症约占 10% ~ 15%。

人是如何面对死亡的

库伯勒·罗斯模型——死亡接受过程

1969 年，美国精神病学家伊丽莎白·库伯勒·罗斯

（Elisabeth Kübler-Ross）出版了一本关于死亡和临终的著作《论死亡和濒临死亡》（*On Death and Dying*）。在书中，她提出了著名的库伯勒－罗斯模型，即“死亡接受过程”。罗斯直面人们通常忌讳的“死亡”这一问题，详细阐述了临终患者的体验，以及人们面对悲伤的心理过程。她指出，对死亡的接受过程一般由以下五个阶段构成：

- 否认。处于这一阶段的人会否定死亡，觉得自己不可能即将死去；
- 愤怒。在这个阶段，个体对死亡感到愤怒，常常把怒气发泄到周围人身上；
- 交涉。此阶段的人试图通过某种方式避免死亡，常表现出一种想要抓住最后一丝希望的心理状态；
- 抑郁。个体感到无能为力，陷入绝望之中；
- 接受。最终，个体接受死亡，接受自己即将离世的现实。

死亡接受过程

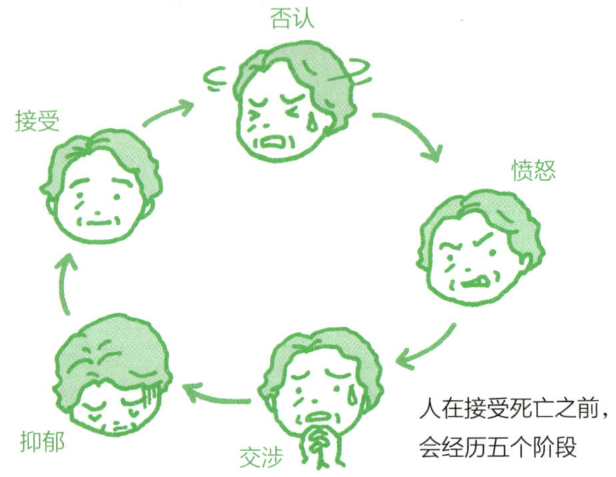

埃里克森的晚年发展课题论

埃里克森提出，人生最后一个发展任务是“自我整合与绝望”。在老年期，人们会回顾自己的一生，无论过往经历好与坏，都需要接纳自己走过的人生轨迹。埃里克森强调，这一回顾与接纳的过程至关重要。然而，部分老年人可能会对自己的人生感到懊悔，进而陷入绝望情绪之中。

人们对人生的看法，取决于他们是从衰退等消极因素的角度来看待人生，还是从热情、智慧、成熟等积极因素的角度来看待人生。能否构建起积极看待人生的视角，与一个人从婴儿期到成年后期的生活方式密切相关。

成功的老化

什么是成功的老化呢？日本学者小田从毕生发展的角度，对“成功的老化”做了如下定义：随着年龄的增长，社会方面、心理方面以及生物方面的资源逐渐减少，在这种境遇下，成功的老化是一个尽量降低损耗、实现收益最大化的过程。

如果有人问你：“你现在幸福吗？”你会如何作答？或许你会瞬间陷入思索：“我是不是真的幸福呢？”又或者“我对现在的生活满意吗？”实际上，幸福与否是一个极为主观的感受，主要取决于你是否觉得自己的日常生活充实，是否从中获得了满足感。

老年人常常回忆过去，他们会说“以前真好”“我年轻的时候……”之类的话。在心理学中，把回忆过去并讲述出来的行为称为“怀旧”。如果仔细倾听他们怀旧的内容，你会发现怀旧也有各种各样的模式。

日本学者野村和桥本将怀旧分为以下三类：

- 带有积极情感或认知的怀旧；
- 带有消极情感或认知的怀旧；
- 对过去的消极事件进行重新评价的怀旧。

野村和桥本指出，上述第二和第三种类型的怀旧常见于难以适应当前生活的男性。也就是说，那些总是纠结于过去的失败，后悔“要是当时……就好了”的人，幸福感通常较低。

每个人在一生中都会遭遇痛苦和困难。对于老年人来说，坦然接受过往经历，从而在生活中感受幸福，是快乐度过老年生活的关键。

老年人的生活意义感量表

无论是孩子还是成年人，那些觉得生活充实的人往往更能体验到幸福感。对于老年人来说也是如此。大家不妨试试表 7–2 中的量表，测一测老年人的生活意义感。

表 7–2　　老年人的生活意义感量表

自我实现与意愿：
1. 我觉得自己在不断进步
2. 我还有想做的事情
生活充实感：
3. 我觉得现在的生活很有活力
4. 我的日常生活很充实
生存意愿：
5. 我觉得还不到放弃生命的时候
6. 我还想再看看这个世界会变成什么样
存在感
7. 我觉得家人和他人很爱我，对我有所期待，很依赖我
8. 我觉得自己在为社会和家庭做出贡献

在 1 ~ 8 中，你打了多少个“√”呢？“√”的数量越多，说明你的生活意义感越强烈。

通过上述小测试，我们对老年人的生活意义感有了大致了解。其实，无论处于哪个年龄阶段，当一个人觉得自己在社会中还有可以做的事情时，这种感觉就会转化为一种超越年龄的生活意义感。

老年人的生活意义感

找到生活的意义，人生就会
闪闪发光
找到想做的事情或兴趣爱好，
会让我们感到人生很充实

EQ

IQ，即智力商数，主要用于测量一个人的语言能力与数学能力。而 EQ（emotional intelligence）则被称为情绪智能指数。美国心理学家戈尔曼指出，人类要过上幸福的生活，不仅需要具备出色的智商，还需要拥有丰富的人性，由此他提出了情商（EQ）的概念。

戈尔曼认为，要过好人的一生，需要做好以下五个方面。

- 了解自己的情绪。能够意识到自己真实的感受，理解情绪产生的根源，并在人际关系中找准自己的位置。
- 管理自己的情绪。能够控制愤怒情绪，避免争吵或攻击行为，能让自己平静下来。
- 自我激励。朝着目标努力，对自己充满信心，且能保持耐心。
- 理解他人。能够站在他人的立场去理解其想法，能与他人产生共鸣，能认真倾听对方的想法。
- 妥善处理人际关系。具有团队意识，善于协作，富有同情心。

在未来，仅有聪明的头脑恐怕远远不够，能够领会对方的心情，并让人际关系变得顺畅的情商，会越来越重要。

附 录

近年来，“发育障碍”一词出现的频率越来越高。在这一部分内容里，我们将详细介绍各类发育障碍的症状表现、成因，以及具体的帮扶措施。

什么是发育障碍

发育障碍并不是由性格或管教引起的问题

有些孩子在超市里会到处乱跑，无法安静地听别人讲话，在学校里也总是被老师批评。其实，以前这类孩子也不在少数，只是近年来数量在不断增加。过去，人们常常认为这是父母管教不严所致，很多父母因此遭到指责。然而，最新研究表明，这些孩子的行为并非因为管教不当，而是大脑功能出现了问题。

发育障碍虽被称为“障碍”，却并非肉眼可见的身体功能障碍，所以我们很难依据孩子的行为特征判断其具体属于哪种发育障碍。目前，教育一线正尝试通过各种方法来帮助这些孩子。

关于发育障碍，曾经有诸多论著使用“轻度发育障碍”这一表述，但“轻度”一词很容易被误解为问题不严重，其含义范围不够清晰明确。因此，从 2007 年 3 月起，日本文部科学省规定统一使用“发育障碍”这一表述。

发育障碍儿童的数量持续增加，让我们正确地认识和了解发育障碍吧！

正确理解发育障碍

不是因为患者本人任性或不努力

早期干预非常重要

不是老师指导不到位

不是管教不严或家庭养育方式的问题

不仅周围的人感到困惑，患者本人也深受困扰

是中枢神经系统功能障碍所导致的疾病

自闭症谱系障碍（ASD）

过去，很多人对自闭症的认知仅仅停留在“自闭”这个词的字面含义上，觉得它是一种“自我封闭”的病症。甚至曾有一种普遍看法，认为是父母养育方式不当，致使孩子封闭了自己的内心。

然而，随着研究的持续深入，科学家们明确了自闭症并非父母不当的养育方式所致，其根源在于孩子自身的大脑功能存在障碍。

在美国被广泛应用的 DSM-IV（《精神障碍诊断与统计手册（第四版）》）中，自闭症的诊断标准主要涵盖以下三个方面：

- 社交障碍；
- 沟通障碍；
- 刻板行为。

这三大核心症状被称为“洛娜·温三大障碍”。2013年，美国对 DSM 进行了修订，发布了 DSM-5。随后，日本在 2014 年出版了 DSM-5 的日文译本。DSM-5 对发育障碍的分类进行了较大调整，将各种发育障碍统归到“神经发育障碍”这一类别之下。同时，不再使用阿斯伯格综合征这一名称，而是将其纳入自闭症谱系障碍（autism spectrum disorder，ASD）的范畴。

患有自闭症谱系障碍的婴幼儿通常会表现出一些特殊症状，比如抗拒大人的搂抱，对陌生人没有明显的认生反应，或者对大人的哄逗毫无回应，等等。

自闭症谱系障碍常见特征

自我刺激行为
- 挥着手跑来跑去
- 自己不停地转圈
- 走路时喜欢垫着脚尖

喜欢重复性动作
- 身体前后摇晃

执着于固定的模式
- 物品必须放置在固定位置；走路要按特定路线；衣服穿戴需遵循固定次序；日常活动要依据既定安排或时间进行等。一旦这些固定模式被改变，他们就会表现出强烈的不安或反抗情绪
- 喜欢将玩具小车或积木按次序排列，并对旋转的物体、特定图案或标志表现出特别的兴趣

难以建立人际关系
- 难以与人对视
- 难以和周围产生情感共鸣
- 无法理解朋友的感受，难以和朋友一起玩耍
- 不擅长玩过家家游戏

语言发展迟缓
- 语言能力严重滞后，甚至终生无法开口说话
- 具备说话能力，但语音语调较为特别

奇怪的说话方式
- 仿语症：只会重复听到的话。例如，医生问“你叫什么名字”，患者答“你叫什么名字”
- 话语单一，并且不会使用虚词

具体的帮扶方法

行动指令明确且具体

× 不要在走廊里跑来跑去

√ 在走廊里要慢慢走哦

传达信息时简单明了
- 先向患儿说明“接下来我要说两件很重要的事情”，然后再进入正题，并具体地提示“第一件事是……，第二件事是……”

应对突发变化
- 患儿一旦遇到与平时不同的突发情况，如火灾演练，很容易产生强烈的不安。所以，需要提前告知患儿日程变更情况，比如提前告知会有火灾演练，让他们提前做好心理准备

明确告知结束的信号
- 由于患儿对固定模式较为执着，所以在开展活动时，需明确说明行为的具体次数，例如告知他们“做几次之后就结束”

视觉上的支持方法
- 因为视觉信息比听觉信息更容易被理解，所以可以用图画或照片来展示步骤或流程
- 可以用图画展示学校一天的生活安排
- 可以在个人物品上贴上专属标签，方便一眼识别

另外，DSM-5 将原来的自闭症谱系障碍（ASD）的三个核心症状归纳为以下两大特征：

- 持续性地表现出社交沟通和人际互动功能障碍；
- 兴趣范围狭窄，行为模式重复刻板。

自闭症谱系障碍中的“谱系”（spectrum）一词源于拉丁语，意为“连续体”。在自闭症谱系障碍（ASD）的范畴里，它表明这类障碍的症状和严重程度呈连续分布状态，涵盖了从轻微到重度的各类表现形式。患儿中既有智力发育迟缓者，也有智力正常者。在 2013 年之前，我们通常将智力发育正常但存在社交障碍的患儿称为阿斯伯格综合征患者。

阿斯伯格综合征的历史

1943 年，美国儿童精神科医生卡纳（Leo Kanner）发表了关于幼儿自闭症相关病例的研究报告。无独有偶，次年即 1944 年，奥地利儿科医生汉斯·阿斯伯格（Hans Asperger）也发表了一篇名为“儿童自闭症精神病”的论文。在论文中，阿斯伯格也使用了“自闭”一词来描述与卡纳提出的病例相似的儿童。

阿斯伯格在其论文中描述的儿童病例，虽与典型自闭症患者有诸多相似点，但这些孩子还存在一个显著特征，那就是他们的语言能力较强且智商相对较高。到了 20 世纪 80 年代，阿斯伯格的研究再次受到关注，业界开始使用“阿斯伯格综合征”这一术语，用以描述智力水平相对较高的自闭症患者。

有些孩子常常因为言行举止不合时宜，导致难以建立良好的人际关系。这类孩子往往被归入阿斯伯格综合征患者的范畴。例如，在为转学同学举办的送别会上，其他同学可能都在为离别而悲伤哭泣，可这些孩子却无法理解大家为何如此伤感。又或者，他们可能会直接对一个体格丰满的女孩说“你真胖啊”，从而在无意间伤害到对方。类似的情况在患有阿斯伯格综合征的孩子身上极为常见。

具有自闭症谱系障碍（ASD）倾向的孩子，大约在 1 岁之前，通常会表现出以下特征：依恋行为较少（大人逗弄也不容易笑）、对声音或光线格外敏感、时常伴有奇怪的手指动作、咿呀学语较少，或者睡眠节律紊乱等。

1～3 岁左右这段时期，他们往往对其他小伙伴不感兴趣，更喜欢独自玩耍，或者对某些特定事物表现出强烈的执着。此外，他们对较大的声音或强光等刺激也较为敏感。

因此，父母需要尽早察觉孩子的这些特征，并及时给予恰当的干预、治疗和陪伴，这对孩子未来的成长至关重要。

成人的发育障碍

近年来，成人的发育障碍问题也引起了广泛的关注。实际上，这类人群在童年时期或许就已显露出发育障碍的特征，然而由于未获得及时的关注和足够的重视，从孩童时期直至成年，他们都未曾接受过任何相关的干预治疗或支持。

有些人可能表现出“注意力缺陷障碍”的特征，比如他们常常会把重要文件落在咖啡馆或公交车上，又或者频繁爽约；有些人则表现出“自闭症谱系障碍”的特征，比如在拜访客户时，突然说出不合时宜的话；还有一些人可能表现出“特定学习障碍”的特征，比如人品、工作态度都不存在问题，可提交的文件里却频繁出现大量的错别字或漏字的情况。

在职场中，这些人往往被视为异类，还可能经常遭到上司的批评。长此以往，他们可能会对工作失去信心，甚至陷入抑郁状态。我衷心希望在职场中，大家能对这个特殊群体多一些关心和理解，给予他们善意的支持和帮助。

ADHD（注意缺陷 / 多动障碍）

在低年级班级里，总有一些孩子在课堂上坐不住。有的孩子经常把椅子晃得嘎吱作响，有的则一直和同学说话，即便老师多次提醒，也无济于事。

自 20 世纪 80 年代起，社会各界开始关注这一类孩子：他们在学习或游戏活动中难以持续集中注意力；手脚总是不停地乱动，无法安静地坐在座位上；甚至在和小朋友玩耍时，也无法耐心排队，常常吵闹捣乱。这类孩子所呈现的症状被称为 ADHD，是“attention deficit/hyperactivity disorder”的首字母缩写，叫作“注意缺陷 / 多动障碍”。

ADHD 主要特征

注意力不集中
做事时难以集中注意力，或者很难对某件事情保持兴趣并持续做下去；容易忘事，在做事过程中也经常出错

多动
一种表现为在课堂上到处走动；另一种表现为手脚动来动去、东张西望，甚至会从椅子上滑下来

容易冲动
排队时无法耐心等待；无法安静地忍耐；总是非得要当第一才行……类似这样的无法遵守社会规则的行为

具体的帮扶方法

营造环境，吸引注意力

- 将孩子的座位安排在教室前排，方便老师随时提醒
- 使用彩色粉笔、磁铁、教鞭等教具，吸引孩子注意力
- 借助提示语，比如“好啦，我要说重要的事情了”，来引起孩子的注意

制作可视化资料，让规则深入人心

- 制作检查表，引导孩子进行检查确认，避免遗忘事项
- 在幼儿园或学校，制作值日表、清洁流程表，让孩子们了解做事的流程
- 用图画的形式，提醒孩子入园或到校后需要做的事情

设定专注的时间

- 设定专注时间，例如告知孩子“接下来，我们一起安静坐5分钟”，并逐步延长时间
- 在孩子来学校或幼儿园之前，让他们充分活动身体，以此提升上课时的专注力

针对有多动症状的孩子

- 若孩子摇晃椅子，当其坐好时，及时给予表扬：“你能坐得这么端正，太棒啦！”
- 在集会等场合，若孩子难以安静，可以明确地说明日程安排，给予孩子安全感

面对冲动性行为或者紧急情况

- 当孩子兴奋时，可以温柔地劝导：“让我们安静下来吧”，并在一旁冷静观察
- 若言语引导无效，孩子仍无法安静，可以将其带到另一个房间，大人在身边陪伴，耐心等待孩子安静下来，同时认真倾听他们的感受

日本厚生劳动省于 1996 年实施的调查数据显示，有 7.8% 的儿童表现出 ADHD 倾向。研究表明，ADHD 主要是由大脑神经生理方面的问题引发的，具体而言，可能与多巴胺和血清素等脑内神经递质的分泌异常有关。例如，与其他同龄人相比，ADHD 儿童的脑电波显得更为不成熟，波形也更不规则。此外，ADHD 在男孩中更为常见。针对学龄儿童的流行病学研究结果表明，男孩和女孩的发病比例大约为 4：1。

由于 ADHD 儿童在课堂上难以集中注意力，他们的学习成绩往往不理想，因而更容易遭到父母的责骂或老师的批评。ADHD 儿童还有一个常见特征，即他们常常难以顺利建立人际关系，因此容易成为被霸凌的对象。

特定学习障碍（SLD）

特定学习障碍（specific learning disabilities，SLD），指的是在个体整体智力发展无明显延迟的情况下，其在阅读、书写、听、说、计算、推理等某些特定能力的习得与运用上，呈现出显著困难的一种病症。

在幼儿时期，因孩子学习机会有限，父母往往难以察觉孩子是否存在SLD问题。随着年龄增长，孩子步入小学并开启正式学习生活后，学习方面的困难便会逐步显现出来。

SLD这一概念，最早由美国学者柯克和贝特于1962年提出。在20世纪六七十年代的日本，社会上一般用“学业不佳”或“学习落后”来形容那些有SLD倾向、在学业上遭遇明显困难的孩子。直到20世纪80年代后期，“学习障碍”这一术语才逐渐被广泛使用。研究表明，这种病症主要由先天性发育问题所致，可能与中枢神经系统的功能障碍相关。

特定学习障碍的类型

1. **阅读障碍（dyslexia）**。在阅读过程中，个体表现出显著困难。例如，难以辨别形状相似的文字；阅读时常常无法确定当前读到了文章的哪个段落；阅读时会出现头痛等不适症状；还可能频繁将文字读反，且读完后无法理解所读内容。

2. **书写障碍（dysgraphia）**。在书写方面，个体表现出显著困难。例如，无法照抄黑板上的文字；时常写出

特定学习障碍（SLD）常见特征

空间认知困难

- 写镜像文字（如把“b”写成“d”）
- 笔算时，出现数字位数对应错误的情况
- 无法辨认几何图形
- 容易迷路
- 不会看地图
- 无法迅速分辨前后左右
- 记不住储物柜的位置

视觉理解困难（视力正常）

- 难以理解看到的内容
- 阅读时，眼睛难以跟随课本上的文字依次看下去
- 跳行或跳字阅读
- 写字时，有少写笔画或多写笔画的情况
- 无法理解句子的意思
- 分不清形状相似的字，例如“日”和“目”

听觉理解困难（听力正常）

- 明明已经在努力地听了，但还是无法理解听到的内容
- 无法理解口头指令
- 经常听错指令，做出与他人不同的行动
- 无法完成他人交代的多项任务
- 反复询问同一件事

具体的帮扶方法

记不住九九乘法表时

- 对于那些更擅长通过听觉理解知识的孩子，可以鼓励他们通过大声朗读来增强记忆，比如朗读“二二得四，二三得六”这类乘法口诀
- 对于擅长借助视觉进行记忆的孩子，不妨制作一份分段着色的九九乘法表，利用鲜明的视觉效果帮助他们记忆

计算出现困难时

- 在计算时，说出计算的步骤，并按照步骤进行计算
- 写出计算公式

写作文出现困难时

- 可以借助5W1H（是什么、为什么、谁、何时、何地、如何）的提示卡片，让孩子通过卡片的提示来补充信息，逐步写出短句，并进一步写出文章

阅读出现困难时

- 对于容易跳行阅读的孩子，可以采取一些方便阅读的方法。例如，使用记号笔标记颜色，或通过滑动阅读遮盖卡来辅助阅读

写字出现困难时

- 在家中多练习图形临摹
- 在带有辅助线的框内练习写字

镜像文字；难以完成作文写作；甚至无法理解标点符号的正确用法。

3. **计算障碍（dyscalculia）**。在理解和运用数字或符号时，个体表现出显著困难。例如，无法进行简单计算，只能借助手指辅助；不能理解加减法运算规则；难以领会数字大小的概念等。

其他让人担心的孩子们

智力障碍（精神发育迟滞）

自 1998 年起，日本才开始使用“智力障碍”这一术语。在此之前，在法律层面，该情况被称为“精神薄弱”；而在学术领域，则被称为“精神迟缓”或“精神发育迟滞”。

根据美国智力障碍协会的定义，智力障碍（精神发育迟滞）的界定如下。

- 认知功能明显低于平均水平，具体表现为智商低于

70（含 70）。

- 同时，在当前的适应功能方面，包括沟通、自理能力、自我管理、家庭生活、社会技能或人际交往技能、使用社区资源、自律性、学习能力、工作、休闲、健康、安全等领域，存在两项及以上的缺陷或功能不健全情况。
- 发病年龄在 18 岁之前。

此外，根据智力障碍程度的不同，智力障碍可分为以下四个等级。

- **轻度**。智商在 50 ~ 70 之间，具备基本的日常生活能力，思维能力受影响程度较小。
- **中度**。智商在 35 ~ 55 之间，需要他人的协助才能完成日常事务，能够进行简单的对话。
- **重度**。智商在 20 ~ 40 之间，只能理解简单的语言，能够完成简单的家务。
- **极重度**。智商低于 20，需要持续的护理和帮助，无法参与社会活动。

为了更好地促进这些孩子的智力发展，帮助他们更好地适应生活与学习，家长需要关注孩子状况，尽早察觉问题并进行早期干预。

语言发育迟缓

儿童一般在一岁左右开始能够说出有意义的话语。要是孩子迟迟不开口说话，父母便会担忧孩子是否存在语言发育迟缓的问题。语言发育迟缓主要是由以下几方面原因导致的：（1）听力障碍；（2）智力发育迟缓；（3）自闭症谱系障碍；（4）沟通障碍。

其中，沟通障碍指的是大脑和听觉器官并无异常，但孩子的语言能力却未达到相应年龄应有的水平。沟通障碍涵盖以下四种情况：（1）表达性语言障碍；（2）理解与表达混合性语言障碍；（3）音韵障碍；（4）口吃。目前，对于这四种障碍，具体病因尚未明确，其表现分别如下。

表达性语言障碍。孩子在听和理解方面没有问题，但说话能力相对薄弱。具体表现为词汇量有限，时态容易出错，常常想不起来合适的单词，难以说出结构完整的简单句子。

理解与表达混合性语言障碍。这类孩子在理解语言方面存在明显问题。即便听到有人叫自己的名字，也可能反应迟缓，因此很容易被误判为听力障碍。不过，其症状并不完全符合广泛性发育障碍的诊断标准。

音韵障碍。主要表现为发音时出现辅音脱落、语音扭曲、替换、省略或颠倒等情况。由于发音水平与同龄人存在差距，听起来较为幼稚。一般而言，随着年龄的增长，音韵障碍的症状会逐渐自行改善。

口吃。过去也被称作“结巴”，表现为语音重复、发声卡顿或延迟等现象。这种语言障碍在 2～5 岁的男孩中较为常见。对于口吃，尽早发现并及时干预至关重要。

针对这些语言障碍，需要由专业的语言康复师来进行相应的语言训练。

缄默症

有些孩子在家中能够正常交流，然而一旦置身幼儿园或学校等特定场景，就会整天沉默不语。这种在特定环境下选择性保持沉默的现象，被称为选择性缄默症（也可称为场景缄默症）。若孩子在所有生活场景中都保持沉默，则被称为非选择性缄默症。

通常而言，孩子出现缄默症状，是由某种心理原因引起的。缄默症常见于本身性格内向、生性敏感的孩子。此外，当家长管教方式过于严厉，给孩子带来强烈的压迫感时，孩子也极易出现缄默症状。希望家长们能够为孩子营造一个轻松自在的成长环境，助力孩子健康成长。

抽动症

抽动症，是指突然且反复出现的运动性抽动或发声性抽动。例如，频繁眨眼、耸肩、咳嗽、咂舌、喉咙发声等，这些症状常常在患者无意识的状态下出现。

抽动症在 4 ~ 11 岁的男孩中较为常见。当孩子感受到较强的心理压力，处于紧张或不安状态时，症状会越发明显。在抽动症里，有一种特殊类型叫作图雷特综合征，它属于神经系统疾病，主要表现就是抽动症状。

如今，在教育一线，患有发展障碍的儿童的教育问题非常棘手。2007 年，日本开始实施针对发展障碍儿童教育问题的特别支援教育计划。日本学者山崎详细地考察了发展障碍的类型及特征，并将之整理为图 7–2。家长以及教育一线的相关人员，需要充分了解发展障碍的各种类型及特征，为孩子们提供温暖且有力的支持。

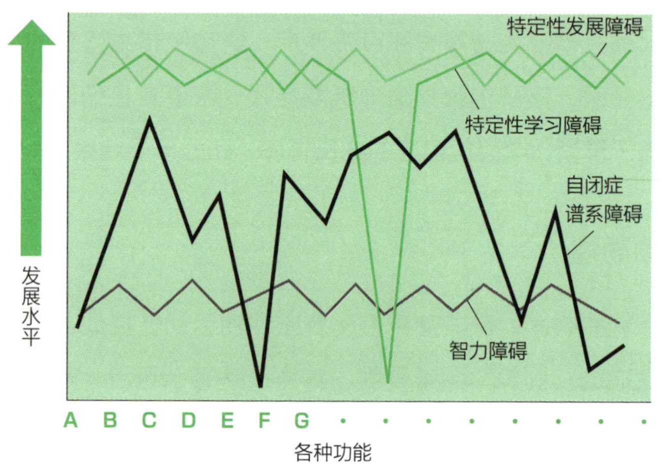

图 7–2　发展障碍类型

北京阅想时代文化发展有限责任公司为中国人民大学出版社有限公司下属的商业新知事业部，致力于经管类优秀出版物（外版书为主）的策划及出版，主要涉及经济管理、金融、投资理财、心理学、成功励志、生活等出版领域，下设“阅想·商业”“阅想·财富”“阅想·新知”“阅想·心理”“阅想·生活”以及“阅想·人文”等多条产品线，致力于为国内商业人士提供涵盖先进、前沿的管理理念和思想的专业类图书和趋势类图书，同时也为满足商业人士的内心诉求，打造一系列提倡心理和生活健康的心理学图书和生活管理类图书。

《从波波玩偶到棉花糖：改变儿童发展心理学的13项经典实验》

- 从波波玩偶实验、棉花糖实验、罗伯斯山洞实验，到客体恒存性实验、情绪识别实验等，书中所选的13项儿童心理学经典实验不仅影响了心理学家对经验和行为的思考，也影响了教育工作者及家长对儿童教养问题的思考。
- 心理抚养的倡导者李玫瑾教授、中国心理学会理事雷雳教授及上海市心理卫生行业协会专家委员会委员姚玉红教授联袂推荐。